崔岱远 著

一面一世界

商务印书馆

图书在版编目(CIP)数据

一面一世界/崔岱远著.— 北京:商务印书馆,2017 (2018.3重印)
ISBN 978-7-100-14978-5

Ⅰ.①一… Ⅱ.①崔… Ⅲ.①面条－饮食－文化
Ⅳ.①TS971.29

中国版本图书馆 CIP 数据核字(2017)第 180201 号

一面一世界

崔岱远 著

商 务 印 书 馆 出 版
(北京王府井大街36号 邮政编码100710)
商 务 印 书 馆 发 行
北京新华印刷有限公司印刷
ISBN 978-7-100-14978-5

2017 年 10 月第 1 版 开本 787×1092 1/32
2018 年 3 月北京第 2 次印刷 印张 6¼

定价:39.00 元

目　　录

1

远方的来客

新疆喀什地区疏勒县发展农业社社员在收割小麦，该县是南疆的重要产粮区。选自 1958 年第 3 期《人民画报》。（王琼摄/FOTOE 供图）

一般来讲，我们说吃面，特指吃煮面条儿，而不是说吃馒头、饺子，当然更不是面包。即便是熬一碗面糊，那也不能叫作吃面。

咱中国很多地方的人都喜欢吃面。兰州人离不开牛肉面，什么大宽、韭叶子、毛细……三天不吃就觉得浑身上下不是个滋味。陕西的面条儿像裤带，让地球人都认识了"饆"这个字，据说这是笔画最多的汉字。山西的面条儿花样多得让人眼花缭乱，一个优秀的山西媳妇一日三餐能做出三种不同的面，这样吃上一年都不带重样儿的。您要是到了北京，那就不能不来碗炸酱面……

北方人好吃面，可吃面并不是北方人的专利。您要是到了苏州就会发现，苏州人讲究大清早起来吃头汤面。上杭州下馆子，您来碗片儿川，端上来一瞧，还是面。即便您去了咱宝岛台湾，说尝尝地方风味吧，那也离不开一碗牛肉面。

那么问题来了，为什么咱中国人这么爱吃面呢？

有人说了，吃面条儿省事，下锅一煮，捞到碗里放上作料就能吃，连菜带饭全齐了。没错儿！过去在整个黄河流域，只要家境过得去，一年里能有半年吃的是面。

也有人说了，面条儿吃起来顺溜，咽下去舒坦，让人觉得特痛快。有些人吃面甚至不怎么嚼，直接顺嗓子眼儿出溜下去，那感觉才叫爽呢。

不过，我琢磨着还有一个原因，那就是咱老祖宗给咱们留下了一副适合吃"煮"食的肠胃。您看，煮面条儿，煮饺子，煮粥……不都是煮的嘛！

人类最早吃熟食都是直接架在火上烧烤的。不过，成年累辈子这么烤需要大量木柴，那就得有成片的森林。您想想，大凡以烤为主要烹饪方式的地区是不是都有这种自然条件？要是没有这种自然条件怎么办？

咱们的祖先生火做饭一般烧的都是枯枝、干草和秸秆。它们火力没有木柴冲，燃烧的时间也没有木柴长。那怎么办？咱老祖宗聪明啊！他们发明了比烤更高级的烹饪方式——煮。用现在的话说，叫"节约能源"。

那最初拿什么煮呢？您在博物馆里见过一种叫"鬲"的陶器吧？新石器时期的。个头儿不算太大，圆滚滚的，下面有三条胖乎乎的尖腿。这就是我们的祖先最早发明的

陕西省汉中博物馆收藏的周代陶鬲。（孙同超摄/FOTOE供图）

煮东西吃的家伙什儿之一。

　　鬲是中国特有的器物，国外的考古从没发现过。它和鼎不太一样。鼎是用来煮肉的，腿是实心的。鬲最初是陶土做的，是老百姓用的，三条腿中间是空心的。为什么做成空心的呢？为的是受热面积大。支在地上，底下点上干枝、枯草，煮东西熟得快，省火。

　　最初的鬲是煮什么的呢？是面条儿吗？还真不是，因为新石器时期还没发明出吃起来又顺溜又筋道的面条儿呢。那时候的人用鬲煮的是米。鬲没有太大的。舀进水，加进米，底下点上火，没多会儿就煮熟了。您也可以理解成熬粥吧。您看这个"粥"字，不就是米粒煮涨起来，像一张一张弓似的吗？也有人说"米"边上那两个"弓"字代表着徐徐上升的蒸汽。再有卖官鬻爵的"鬻"字，一看就明白，最早就是用鬲煮粥的意思，后来转换成了"卖"的意思。

那有人问了，当初煮的是大米粥还是小米粥呀？这可不一定了。

早在七千年前，长江三角洲地区的河姆渡人就已经开始种稻吃米了。您看，甲骨文的"米"字像不像一根稻穗？"米"就是水稻的种粒。

有人说不对，这个"米"字是打谷场上的四堆谷子。谷子原产于黄河中上游。谷子的种粒也叫米，不过现在一般叫小米。与之对应的，水稻的种粒就叫大米。所以，那个时候在长江流域吃的是雪白的大米，在黄河流域吃的是金

甲骨文中"米"字的两种写法。

黄的小米。

用鬲煮米的时候，米粒难免粘在三个空心的腿里，所以甲骨文的"尽"字就像手里拿个谷穗当刷子，伸到鬲的腿里面往外刷。掏不干净怎么办？索性用一只手把鬲翻过来，这下就彻底了——这就是甲骨文的"彻"字。

甲骨文的"尽"字。

甲骨文的"彻"字。

总而言之，无论大米还是小米，都是把种粒直接煮着吃。古人认为，凡是能煮着吃的颗粒就叫米。

后来才有了灶，又发明了釜和锅。鬲这种器物逐渐被淘汰了。可人们仍然习惯把米粒直接煮着吃。这就是所谓的"粒"食文化。

甲骨文的"麦"字。

从新石器时期开始，南方人的主食就是大米，这一直影响到现在。北方人起初吃得最多的是小米，不过后来被另一种主食所代替，那就是小麦。

小麦在黄河流域出现得比小米要晚。我们来看甲骨文的"麦"字。甲骨文的"麦"字的上半部分就像一棵根叶秆穗俱全、长着麦芒的麦子。这半部分发展到后来，成了"从哪儿来"的"来"字。下半部分像一只朝下的脚印。有学者认为，这表示小麦是外来的，后来停下来站住了的意思。所以在《诗经》里，都是用"来"字表示麦子。《周颂·思文》里有一句"贻我来牟，帝命率育"，这里的"来"一般被解释为小麦，而"牟"被解释为大麦。也就是说，那个时候人们认为小麦是外来的。

那么，小麦是从哪儿来的呢？这个古人可说不清楚了，有人说它是从天上来的……反正是来自很远的地方。

现在学术界比较普遍的看法是，小麦是从西亚一带传过来的。法国作家大仲马在他的《大仲马美食词典》里写了这么一句话："东方的巴比伦因为有野生小麦而被认为是文明的摇篮。"古巴比伦位于两河流域。底格里斯河和幼发拉底河的周期性泛滥，让这片土地异常肥沃。从地图上看，那一片肥沃的土地就像一弯新月，考古学家称之为"新月沃地"。正是这片梦幻般的沃土，滋养出了人类最早的农业文明。在叙利亚北部的人类遗址发现的碳化小麦粒，经鉴定是一万年前人工采集的。直到今天，那儿仍然生长着野生小麦。

　　从遗传学上讲，野生一粒小麦是二倍体，从它可以得到栽培一粒小麦。野生二粒小麦是四倍体，从它可以得到栽培二粒小麦，也就是圆锥小麦，变种后就得到硬粒小麦。大约九千年前，栽培二粒小麦已经是新月沃地上人们的重要口粮了。它的优点是穗轴不容易折断，便于采集。过了一千年，这种人工栽培的小麦传播到美索不达米亚平原地区。又过了一千年，传播到埃及、地中海盆地、欧洲和中亚。

　　也正是在这前后，发生了一件非常罕见的事，一株栽培二粒小麦和粗山羊草杂交了。按理说这是不能继续繁衍后代的，可不知什么原因，发生了基因突变，形成了六倍体小麦，也就是我们今天吃的普通小麦。又过了一千年，小麦传播到亚洲的印度和非洲的埃塞俄比亚。大量考古学和植物地理学研究表明，当今世界各地栽培的小麦，无论是硬粒小麦还是普通小麦，均来源于西亚那片新月沃地。

　　人工栽培的小麦，当然是随着人的迁徙而传播的，不是风，也不是鸟儿。那么是什么人，又是在什么时候，把小麦传到中国的呢？

让我们把视线投向中国的最西部，今天的新疆，古代的西域。就在罗布泊孔雀河下游河谷的沙漠里，隐藏着著名的小河墓地。1934 年，瑞典考古学家沃尔克·贝格曼就是在这儿发现了神秘的"小河公主"——一具戴着装饰有红带子的尖顶毡帽、双目微合、长着漂亮的鹰钩鼻、微张着薄唇的女性木乃伊。那端庄的表情，永恒的微笑，明显的欧罗巴特征，让这位见多识广的考古学家无法忘怀。贝格曼在自己的著作中把她叫作"微笑公主"。

可遗憾的是，在这之后的六十多年里再也没有人找到过那片秘境，也再也没有人见到过小河公主。直到 2000 年年底，中国科学家借助卫星定位系统重新发现了小河墓地，不仅重新找到了神秘的小河公主，还同时找到了上百具和她一样的木乃伊。更有意思的是，这次考古研究还有一个重要的新成果，就是发现当初这些人吃的粮食正是我们今天做面条儿、烤面包用的小麦。

小河墓地所有木乃伊的胸腹部和身子底下都撒着小麦粒，其中一个儿童身上几乎散满了麦粒。死者身穿的斗篷边上的小布包里都装着小麦粒。斗篷边上都放着草编篓子，

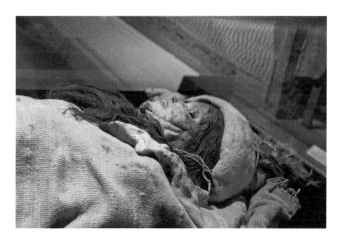

小河公主，新疆维吾尔自治区若羌县小河墓地出土，新疆维吾尔自治区文物考古研究所藏。（孔兰平摄/FOTOE 供图）

应该是当初盛食物的器具。篓子里不仅有小麦粒，甚至还有用小麦粉做成的食物，类似于今天新疆的馕。这就是到目前为止在中国发现的最早也是最集中的小麦遗迹之一。这些小麦已经属于我们今天吃的普通小麦了，也就是六倍体小麦。中间还掺杂着一些更为古老的四倍体圆锥小麦。

　　小河墓地的墓穴分上下五层，时间大约距今三千五百年到四千年，越往下越早。科学家通过 DNA 分析发现，小河人的父系全部是来自西方的欧罗巴人种，但在早期人群的母系中却有一大部分来自东方的蒙古人种，而且从时间上看不断有新人加入进来。也就是说，小河文明应该是东西方两种文明交融的结果。

无独有偶，就在离小河墓地不远的孔雀河古墓沟墓地，1979 年也曾出土过一批小麦粒。时间应该比小河墓地稍晚，却属于同一种文明。经鉴定，它们同样是普通小麦和圆锥小麦。有意思的是，科学家对古墓沟墓地人骨骼中的同位素比值进行测定，结果表明羊肉应是这些居民普遍的肉食，而植物类食物则以小麦为主。这又有小麦又有羊肉的，也许有的朋友能想起一碗羊肉泡馍吧？

不管怎么说，最晚在四千年前，新疆种植小麦就已经非常普遍了。那个时候，罗布泊还不是大沙漠，而是一片水草丰茂的绿洲。

在新疆不仅发现了麦粒遗迹，在哈密天山北路墓地出土的彩陶上还发现了头呈禾苗、手似麦穗的人物形象。而且有一类彩陶，它们肚子上的图案很像小麦。类似的图案恰恰出现在两河流域公元前 3000 年的泥版文书上。

西域的小麦来自遥远的西亚，来自两河流域那片神秘的沃土。可以说，小麦就是前丝绸之路时代输入中国的最典型也是最珍贵的植物标本。

那么，把小麦传进西域的人是从哪儿来的？学术界尚无定论。一种影响比较大的假说认为，是源自里海—黑海北岸欧罗巴人的一个半游牧族群。大约公元前3000年末，这些人的祖先离开波斯西部，向着遥远的东方长途迁徙，最终到达阿尔泰山和天山之间的绿洲定居下来。走了多久呢？走了大约一千年。

学者们把这些人叫作"吐火罗人"。他们使用的语言就是大名鼎鼎的吐火罗语，正是您听说过的季羡林先生研究的吐火罗语。在新疆发现的吐火罗语文献具有明显的原始印欧语的特征，这正是他们的历史印记。这些远方的来者到达西域，和当地的东方族群相互融合，交流生产、生活经验，其中就包括怎么种麦子，怎么吃麦子。小麦，这一距今一万年前西亚"新石器革命"的重要成果，就这么着在西域这片土地上落地生根了。

当初西域人的麦子是怎么个吃法呢？一般并不是直接吃，而是把麦粒碾成粉末，加上水和成团烤着吃。怎么碾

磁山遗址出土的无足石磨盘、石磨棒，河北博物院收藏。（尹楠摄／FOTOE 供图）

呢？用的是石磨盘和石磨棒。石磨盘是块平整的石板，石磨棒像根粗糙的擀面杖。这两样器物在新石器时期的考古发现中非常多见，而且总是成对出现。直到现在，一些偏远地区的人还在用呢。用那根粗糙的石磨棒把麦子碾碎了，和上水，就势擀成一张湿面饼。然后，就可以烤了。

这种吃法是从遥远的西亚带来的，最早就是直接在平整的石头底下点上火，烤上面贴着的那块湿面饼。后来才用羊毛混上黏土在地上砌一个肚大口小的大坑，把火围在中间拢着热力，然后把湿面饼"啪"的一下贴在内壁上烤。这就类似今天新疆的馕了。直到今天，伊拉克的大部分民众还是钟情于用原始的"泥炉"烤出来的饼。

西域地区干旱，面团不容易自然发酵，于是成了死面或半发面的。在气候温润的地中海、里海地区，面团自然发酵，就发展成烤面包了。直到今天，里海东面的土库曼斯坦还有人用这种方式烤面包。

"馕"这种叫法源自波斯语，是伊斯兰教传入西域以后才有的。那再早它叫什么呢？其实就叫饼。

饼，来源于"并"，就是并排的意思。甲骨文里的"并"，就是两个人靠在一起并排站着。擀成大片的面团贴在石板上，不正是"并"的意象吗？所以最早凡是小麦粉做的吃食都叫饼。比如我们听说过的胡饼，就是指从西域传来的饼。

《续汉书》上说，汉灵帝喜欢新鲜玩意儿，特别爱吃胡饼，结果带动得当时京师吃胡饼成了一种时髦，跟今天吃西餐似的。到了唐朝，长安城里更是到处都是卖胡饼的。后来胡饼就演变成了烧饼或者麻饼。直

甲骨文的"并"字。

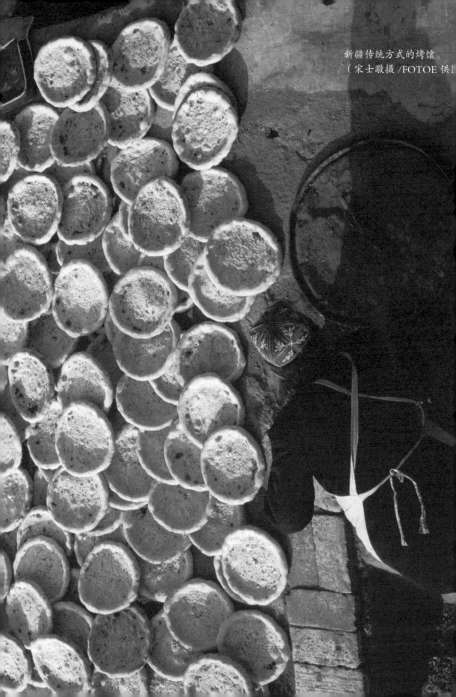

新疆传统方式的烤馕。
（宋士敬摄/FOTOE 供图

到今天，讲究的北京烧饼都得是烤的，上面都必有芝麻，这就是来自西域的印记。

顺便说一下《水浒传》里武大郎卖的炊饼。其实它本来叫作蒸饼，您可以理解成山东的饸面馒头。因为宋朝第四个皇帝仁宗叫赵祯，蒸与祯读音差不多，为了避讳，它才改名叫成了炊饼。这是后话。

既然提到了长安，那么小麦是什么时候传进陕西，传到长安的呢？我觉得它并不是一次完成的，而是有一个逐步传播的过程。在稍晚些的甘肃河西走廊四坝文化遗址、中原龙山文化遗址里都发现了六倍体普通小麦。当然了，也不能排除在某次历史事件中大批量传过来的可能。

有一本书叫《穆天子传》，写的是西周第五位天子周穆王西巡天下的故事。书中说他驾八骏，行程九万里，和漂亮的西王母饮宴于瑶池，沿途有赤乌氏等部族向他进献了上百车的麦子。

这本书虽说混杂着神话，但学者们通过对西周金文的研究，认为它是有一定历史依据的。这本书至少可以说明，早在丝绸之路形成之前，中原和西域就已经沟通信息、互通物产了。比如西王母是谁？那应该是一位有着异族血统的西域女性氏族首领。西王母住哪儿？翦伯赞先生认为，就在今天新疆和田以东或塔里木盆地。而所谓瑶池，就是一处沙漠绿洲里的湖泊。前面说的赤乌氏，有人认为是今天塔吉克族的祖先。直到现在，塔吉克人过新年的时候还有在家里撒上小麦粉祈福的习俗。

当然，我们今天关心的不是西王母，我们关心的是那上百车的麦子。大概除了沿途当饭吃以外，很大一部分就拉回了镐京，也就是今天的西安市长安区西北，成了撒在八百里秦川上的种子。从此秦川盛产小麦。

我们可以做一个大胆的假设，陕西的特色美食羊肉泡馍，是不是就是从那时候把带回来的烤饼泡在羊肉汤里发展过来的呢？

羊肉泡馍，简单说就是把烤饼掰碎了泡在羊肉汤里或略微煮煮的吃法。泡馍用的饼略微有些发，烤出来中央白而不生，边沿微鼓。这样的馍柔韧筋道，按照当地的吃法，得掰成小手指盖大小的颗粒泡进汤里。

羊肉泡馍用的汤并不是什么传了几十年的老汤，就是用现宰的羊炖出的鲜汤。头天下午把羊骨头下进锅里加上作料熬上，傍晚投进肉去，直煮到第二天清早起来，汁浓汤酽，肉烂酥香。

吃泡馍的方式很古典，不管多有身份的食客都得亲自下手掰。如果让店家用刀切好，那就是糟蹋东西了。您把手洗得干干净净，拿起个馍一掰两半，取其中一半顺着边沿用指尖一点一点掐成小颗粒，放进碗里，掰得越精细，煮得才越润味儿。馍掰好了，就可以把碗端到后厨去煮了。

现在泡馍的吃法分好几种，最常见的是宽汤大煮的"水围城"，碗中央馍肉相间，周围鲜汤环绕。您也可以选择重口味的吃法，叫"口汤"，吃完之后碗里只剩下一口汤。如果还觉得不过瘾，索性"干泡"，让汤完全吸进馍里，瓷瓷实实一大碗。

不过还有一种更古老的吃法，一般人不太知道，叫作"单走"。"单走"的馍和汤是分两碗端上来的。您可别以为是让您一边啃馍一边喝汤，人家的意思是让您把馍一点一点掰在汤里，边泡边吃。

宽汤大煮的"水围城"。

现在很多人觉得中国北方农民保守，但从小麦的传播历史来看可不是这样。中国北方农民非常善于接纳外来的作物，并且能把它纳入自己的农业系统里。

不知您想过没有，自然界几乎所有植物都是春种秋实，但是，黄河流域的小麦是秋末种，夏初收，叫作冬小麦。这就是人工干预的结果。因为从前黄河泛滥是在夏天，泛滥之后灌溉出肥沃的土地，正好种麦子，第二年泛滥之前麦子已经收获了。您看，多聪明呀！而且这客观上还模仿了小麦发源地的物候。

前面说过，黄河流域的先民习惯煮着吃，连烤饼都能泡着煮了。但煮烤饼毕竟是麻烦事儿，所以这种古典的吃法在西北以外的地区并不普及。

那小麦能不能像煮米粥似的直接煮着吃？不瞒您说，我还真试过。这一试就明白了，能吃当然没问题，不过煮小麦可比煮小米费火多了，煮半天也不熟。好不容易熟了，口感也很粗糙，远没有小米好吃，称得上是名副其实的"粗粮"。

用石磨盘或者捣米用的杵和臼捣成面粉行吗？当然也行。不过小麦麸皮很硬，捣碎了相当麻烦，效率太低。既然有小米，谁没事儿费这劲呀？还是直接煮小米来得方便。

人的肠胃是相当具有惰性的。外来的吃食，少部分人图新鲜偶尔尝尝可以；要是让大众改变原来的习惯天天吃，那得有点儿原因。就像西红柿本来很早就进北京了，但一般人吃不惯。直到三年困难时期，人都饿得眼发绿，菜市场忽然来了一批西红柿，结果被一抢而空，人们才觉得这洋柿子敢情也挺好吃的。

在汉代以前的黄河流域，小麦作为粮食的地位远远低于小米。到了东汉兴平元年，也就是曹操和吕布争夺兖州的那一年，关中大旱，又赶上闹蝗灾，曹操和吕布的军队都因为粮食接济不上休战了。当时谷价大涨，一斛谷值钱五十万。即便这样，人们想吃的还是米，而不是麦子。

汉献帝命人拿出国家储备的米豆熬成粥施舍饥民，结果饿死的饥民一点不见少。这怎么回事儿？献帝很纳闷，于是叫人当着自己的面量米豆熬粥。结果弄明白了，是管这事的侍御史侯汶克扣粮米，大贪官一个。汉献帝怒了，将侯汶重责五十杖。再次施米舍粥，饥民才得到了有效的救济。

也就是从那以后，黄河流域的老百姓才开始接受小麦。饥不择食呀！在这个时期发生的另一件事大大促进了小麦的普及。就是车轮似的手推圆磨的流行，大大提高了粉碎小麦粒的效率。小麦从粗粮转变成了细粮。大伙儿一看，这下好了，小麦可以做得更好吃了。于是，人们把小麦碾成粉末，加上水，和成面团，一小块一小块揪下来，用手捻成薄片儿，下到锅里煮着吃。这种吃法现在在陕西和山西还能见到。

这种吃法叫什么呢？当时还是叫饼。这么说吧，那时候小麦粉做成的吃食全叫饼：烤着吃的叫烤饼；烙着吃的叫烙饼；蒸着吃的叫蒸饼；不过煮着吃的可不叫煮饼，而是叫汤饼，因为那个时候滚开的水就叫汤。

人们忽然发现，小麦原来可以有这么多吃法！不仅可以烤着吃、烙着吃、蒸着吃，甚至可以煮着吃。文人雅士发现了新的话题那是异常兴奋呀！纷纷为煮饼这件事吟诗作赋。西晋文学家束皙就专门写了一篇《饼赋》，对汤饼大加赞美，说它"弱如春绵，白如秋练"。大冬天的，鼻子都冻上了，嘴外边也结了霜，吃上一碗热乎乎的汤饼，真是再好不过了！

汤饼继续发展，还演变成了猫耳朵。猫耳朵的做法非常简单。凉水和面，几揉几醒之后搓滚成手指粗细的长条儿，切成指甲盖大小的剂儿，放在撒了干面粉的案板上，用大拇指顺势一捻，面剂儿两头立刻就会翘起来，酷似小猫的耳朵。这个工作充满情趣，就连小朋友都喜欢，他们称为"玩面"。

　　不过这可不是传统的做法。传统的做法不用案板，只用左手无名指和中指夹住长面条儿，右手揪下来一块面丁放在左手手心上顺势一捻，直接就下锅煮了，感觉像是揪片儿，可又比揪片儿来得容易。这就是面条儿的前身。

　　那么汤饼，或者说猫耳朵，是怎么演变成面条儿的呢？小麦有个独特的优点，是大米和小米等其他粮食都不具备的。我们都知道小麦粉里能提出面筋来。面筋实际是一种蛋白质。面筋蛋白中的麦醇溶蛋白赋予了它延展性，麦谷

河南洛阳出土的汉代绿釉陶推磨俑，中国农业博物馆收藏。（杨兴斌摄/FOTOE供图）

蛋白赋予了它弹性。这两种蛋白遇到水以后共同作用，让小麦粉具有了其他粮食都不具备的独特黏弹性。这就是面条儿可以拉得很细很长，吃起来还特筋道的原因。小米磨成的粉就不能拉成细长条儿。我们的祖先或许正是在做汤饼时发现了小麦粉这种独特的长处，于是发明了揪面片儿，进而发展成了面条儿。

真正意义上的面条儿，产生于东汉。到了南北朝时期，面条儿的吃法已经相当讲究了。把和好的面团搓成长条儿，拉成一尺来长、筷子粗细，放进清水里泡泡，让它更黏更弹。然后，把一锅水煮开，就着潮润的蒸汽把面条儿仔细捏成韭菜叶似的长长的扁条儿下进锅里，没多会儿就煮熟了。如果和面用的不是水而是肉汤是不是就更好吃了？对，这就成了贾思勰在《齐民要术》里说的"水引饼"。

那么，这煮着吃的饼，怎么又叫成面了？面，本来指的是人的脸。我们听说过国字脸、瓜子儿脸、鸭蛋脸、四方大脸，可我们没听说过面条儿脸吧？脸再瘦也瘦不成细长的面条儿吧？

为弄明白这个问题，我还专门请教了文字专家。专家说了，起初人们觉得小麦粒磨的粉就是麦子的细末，为了和米粉加以区别，于是就叫它"末"。"末"的本意是树梢，后来借用了那时候和"末"读音相近，表示瞧不清、看不见的"丏"字，造出个"麫"字。

又因为"丏"与脸面的"面"声通，而"面"字又比"丏"字用得多，于是又造了"麵"字。这倒好，本来来自西域的胡饼长得就像人的脸，这个字造得生动、形象、好认。所以后来"麵"字用的反倒比"麫"字多了。就这么着，小麦粉叫成了"麵"，又因为它白，所以叫成了"白麵"。

$$麥 + 丏 —— 麫$$

$$麥 + 面 —— 麵$$

$$麵 \overset{简化}{——} 面$$

"面"字的演化过程。

小麦粉做成的吃食还是叫饼。后来面和饼逐渐混着用，就把煮着吃的饼叫成了索面、湿面。到了宋代，吃面条儿已经非常大众化了。像在北宋汴京可以吃到大熬面、桐皮熟脍面。南宋临安好吃的面更多了，而且加上了丰富的浇头，像炒鳝面、笋泼面、盐煎面、卷鱼面等，让人垂涎欲滴。这又是鳝又是笋的宽汤细面，听上去很像现在苏浙面的风格。

也就是在那个时候，面和饼的概念才开始逐渐分开。烤着吃、烙着吃的还叫饼，煮着吃的呢？叫面条儿，简称"麪"。这么一用就是几百年。直到汉字简化，"面"才代替了繁体字的"麪"。结果弄得是脸和面分不清了。

小麦，从最初烤着吃的面团儿变成了煮着吃的面条儿，这是黄河流域创造出的独特的"粉"食文化。丝绸一样光滑柔软的面条儿，带着前丝绸之路的印记，之后又沿丝绸之路影响到全世界。

低头看看这碗简单的面，竟然融会了东西方的文明。

2 千面走天涯

"邇"字的写法。

小麦，早在丝绸之路形成之前就从西亚传进了古代的西域，今天的新疆。传播的路线和丝绸之路几乎一致。

也许有人会问，丝绸之路和小麦有什么关系？那么我要问，提起丝绸之路，您会想起什么？您也许会想到一队队驮着丝绸的骆驼从长安一直走到罗马。这是受了电视的影响，其实不是这样的。丝绸之路是联系东西方的一个广阔的时空，从汉唐一直到现在乃至将来，它都在那儿。这个空间里行走的不只是骆驼，传递的也不仅是丝绸。就比如作为粮食的小麦和小麦做成的面条儿，在这条道路上的传播历史和对普通人的影响力甚至远远超过丝绸。人可以不穿丝绸，但不能不吃粮食。所以有的学者认为，丝绸之路也可以叫作"小麦之路"。

吃面条儿离不开麦子。种麦子离不开水。小麦传到西域，穿越河西走廊，遇到了黄河之水，之后像长了腿一样沿着黄河自西向东一路狂奔，很快就从西北高原传到了华北平原，进而成为整个黄河流域的"本命食"。

为什么会是这样呢？因为这儿的人把小麦做成了面条儿。用水煮出来的面条儿太有亲和力了！一碗白坯儿面，只要浇上当地的浇头，立刻就能适应当地人的胃口，进而演化成当地的地方风味。所以您看，从甘肃进陕西，奔河南，走山西，一直到北京，乃至到了号称"鱼米之乡"的江南，这一路下来，每个地方都有自己引以为豪的面条儿。

那就先从甘肃说起吧。甘肃是通往西域的必经之路，甘肃的面条儿具有丝绸之路的气质，也最接近原始状态的面条儿。单凭一块面团，在手里头抻拉扯拽，就能变戏法儿似的做出各种不同粗细、不同形状的面条儿。下到开水里一煮，是又白净又光溜，看上去真跟丝绸似的。

有人说了，你说的不就是"兰州拉面"吗？现在全国到处都有。错！您要是到了兰州，您见不到一家"兰州拉面"的招牌。兰州大街小巷见到的都是牛肉面，或者干脆叫"牛大碗"。因为那是好大的一碗面呀！而且吃法也相当朴素，不管是猛汉们爱吃的"大宽"，还是小女子喜欢的"毛细"，或者是棱角分明的"荞麦楞"，都是浇一个锅里熬出来的鲜牛肉汤，再加三四样简单的菜码儿。这样，普普通通一碗面立马变成了人间美味！

面条儿传进了号称"八百里秦川"的陕西，也就隐约

甘肃省兰州市艺术馆里展示牛肉面制作过程的蜡像。（姜永良摄／FOTOE 供图）

闻到了中原的气息。陕西人讲究吃什么面？臊子面。

所谓臊子，就是切得细碎的肉丁儿。您还记得《水浒传》里有一段"鲁提辖拳打镇关西"吧？鲁提辖一开始消遣镇关西，让他先切十斤纯精肉臊子，不要半点肥的在上头，再切十斤纯肥肉臊子，不要半点瘦的在上头，说的就是这种臊子。看来北宋的时候西北一带就已经吃臊子面了。当然，真正吃的时候没有谁只用精肉或者只用肥肉的，而是讲究用肥瘦相间的带皮五花肉，切成小拇手指肚大小，放进大铁锅里，用慢火燣。

这里说的"燣"，不是炒也不是炖，就是干扒拉勤翻搅。等水尽油出之后，放进生姜、大料等调味料，再咕嘟个把钟头，浓香扑鼻的时候放醋、加盐、点酱油，就成了浓稠的臊子酱，跟化开了

绣像版《水浒传》第三回：鲁提辖拳打镇关西。

的铁汁儿似的。燣出这么一大碗臊子酱，一家人能用上好几天。用的时候再和胡萝卜丁儿、蒜薹丁儿、豆腐干丁儿等菜料熬煮成又酸又辣又烫的汤臊子。

臊子面的面条儿不再是拉面，而是擀面。要把反复揉搓的面团用擀面杖在案板上擀得薄如纸，切得细如线，滚水下锅，让面如莲花般转，捞到碗里一窝丝，再浇上臊子汤就成了。讲究那面，韧柔光；料，酸辣汪；汤，煎稀香。这已经是典型的汉族吃法了。

有人说了，怎么是一窝丝呢？陕西的面条儿不是像裤带吗？您说的那是另一种陕西特色面条儿，叫"邋邋面"。就是把和硬、揉软、醒好的面团先揉捏成油条那么长，一根根整齐地码好，下锅前用擀面杖略微一擀，顺势一拉，下到开水锅里一煮，就成了两寸来宽、三尺多长、一个钢镚儿厚的"裤腰带"。至于为什么发 biáng 这么个音，有人说是宽面条儿摔打在锅边上的声音，也有人说是吃面条儿的时候吧唧嘴的声响，但语言学家认为，这正是从唐代"饼"字的发音演变来的。

这个字写出来就更奇葩了，号称是笔画最多的汉字，

而且只在这一个地方用。不好记没关系，有人专门编了个
顺口溜：

　　　　一点上了天，

　　　　黄河两道弯，

　　　　八字大张口，

　　　　言字往里走；

裤带一样宽的面。

你也幺，我也幺，

中间夹个言篓篓；

你也长，我也长，

中间夹个马大王；

月字旁，心字底，

留个钩担挂麻糖；

坐上车车逛咸阳。

　　吃碗面条儿为什么还要美美地逛咸阳？因为那是中原通往大西北的交通要冲，更是古丝绸之路的第一站。您看，一碗面条儿把我们的思绪带回到唐朝，当我们举起筷子端起碗，我们发现历史就在饭碗里。

　　吃biángbiáng面讲究的是油泼辣子。不过这种吃法应该是清朝中晚期以后才有的。辣椒原产于美洲，明朝末年才从长江口岸进到中国，清朝中期之后才传进陕西。西北人特别乐于接受外来的吃食，并以自己擅长的方式转变成当地的风味。跟当初把胡饼变成泡馍，把烤着吃的饼变成煮着吃的面一样，辣椒很快本土化，晾干了磨成粉，用烧得滚烫的热油一浇就成了油泼辣子。拌上热腾腾的遍遍面，只吃得血脉偾张，荡气回肠。所以当地人有句话叫："油泼辣子燃拌面，给个皇帝也不换。"

　　同样是二指宽的面条儿，到了河南，不再是油泼辣子，而变成了羊肉烩面。别小看这碗热乎乎的烩面，它能够看出中原人特有的包容性。它融合了兰州拉面的汤之鲜，陕西泡馍的料之全，又采用了中原人传统的烹饪方式"烩"，也就是把面直接下到滚开的肉汤里一起煮，而不是把面下

把滚烫的油泼辣子浇在面上。

到清水里煮。河南的烩面让荤、素、汤、菜融于一碗之中，称得上名副其实的融会贯通，真可谓独树一帜。

说到独树一帜，河南还有一种更有特色的面条儿，同样不是用清水煮，那就是让很多人吃上一次就忘不了的浆面条儿。煮浆面条儿用的是绿豆磨浆发酵成的酸浆，有点儿像北京的豆汁儿。把面条儿下到烧开的酸浆里，勾进面糊，再放进各色调料煮熟。看上去细腻白润，吃起来滋味丰富。

更有意思的是，一般来说面条儿都是现煮的好吃，但浆面条儿却讲究吃头天剩下重新热过的，吃的就是那酸馊的酵香味儿。很多人不理解为什么是这么种吃法，我琢磨着，河南是中国最大的小麦粮仓，也是最早把面条儿称为"面"的地方。从前粮食富裕的时候，做出的面条儿经常吃不了剩下。那时候又没冰箱，就自然发酵了。从前人尊重粮食，把头天剩下的面条儿煮煮接着吃很自然，日久天长，竟然习惯了这种口味。浆面条儿是河南很多家庭的当家饭，所以也叫"浆饭"。都说"民以食为天"，我看，到了河南得改一改，叫作"食以面为先"。

三种山西面条儿：擦蝌蚪、猫耳朵、刀削面。

说到面，就不能不提山西。要问中国哪里的面花样最多？当然首推山西。山西不光有您听说过的刀削面，还有擦蝌蚪、抿蝌蚪、剔尖儿、溜尖儿、水揪片、搓鱼儿、压饸饹、刀拨面等，据说能有几百种。当您走进山西，也就走进了面条儿的圣地。

山西的面为什么有这么多花样呢？根本原因是山西的地貌复杂，山地、高原、丘陵、台地、盆地样样俱全。这就使山西出产的杂粮品种特别丰富，除了小麦和谷子，还有荞麦、莜麦、燕麦、高粱等粮食，大豆、红豆、白豆、黑豆、绿豆等豆类。所以山西人做面条儿不再只用小麦粉，而是在小麦粉里按各种搭配和比例掺和上高粱面、荞麦面以及各种豆面，于是有了所谓红面擦蝌蚪、豆面抿蝌蚪等千变万化的吃法。不过，要想让面变成细长条儿，还是离不开白面。前面不是说了嘛，其他的面没面筋，拉不成条儿。

山西的面条儿不仅种类多，典故也多。一般人都听说过刀削面的来历。说是元代的时候，一对夫妇因为家里的菜刀被官府没收了，灵机一动，用一块铁皮代替菜刀削成面条儿，这么着发明出了刀削面。可您知道比刀削面历史还悠久的剪刀面吗？

所谓"剪刀面"，

图为舞台上表演骑独轮车削面的师傅。在山西，刀削面不仅是种食物，还可以是项表演。

就是用一把裁衣服用的普通剪刀，把面团一下一下剪出上百条小银鱼儿似的面。当地人也叫"剪鱼子"。这剪刀面的身世可不得了。据说，李世民在太原的时候约武士彟来家谈事儿，到饭点儿了得留人吃饭吧，他媳妇长孙氏正在裁衣服，就顺手抄起剪刀把揉好的面剪成面条儿下锅煮了。武士彟看见之后不由感慨道："纷乱当世，公子大略；面如天下，亦当速剪。"这才有了李世民父子起兵晋阳，以"剪面"之势攻取长安、建立唐朝的后话。这个武士彟有两儿三女，其中一个女儿就是大名鼎鼎的女皇帝武则天。

　　山西的面条儿好吃，有一个很重要的原因，就是山西的水是碱性的。这个不用测 pH 值，看看山西人是多么爱吃醋就知道了。人们常说山西"老醯儿"，什么意思？不是说他住在山西，而是因为醋的古称叫"醯"。碱性的水和面筋相互作用，能让面条儿更筋道，更弹牙，而且不容易断。在山西，甚至有一种一根儿面，您找着头儿嘬着吃吧，嘬到最后发现整碗面竟然只有一根儿。您想想，那得有多老长！

　　山西的面条儿种类太多，您要想尝遍了，那真有点儿难。因为山西几乎每个县都有自己的特色面条儿，出去百八十里知道的人都少。我就在离太原没多远的榆次古城发现过一种很有特色的面，太原人就不怎么知道。这种面的名字太有诗意了，叫作"桃花面"。

　　桃花面，您听这名字，多香艳！这面条儿的做法也充满醇香。把炖好的五花肉肉皮那一面抹上蜂蜜用油煎了，切成大片，和丸子一起加上作料煨炖透了，连汤带肉浇在煮好的面条儿上，再添上一颗硕大的卤鸡蛋，撒上葱花、

一碗地道的榆次桃花面，大丸子大肉的，透着朴实。（食尚小米摄）

香菜，就成了一碗非常实惠的面。

　　要问这桃花面的来历，有人就琢磨了，是不是和"人面桃花相映红"有点儿关系？要不就是什么富家小姐搭救穷书生的故事？于是赶紧翻开唐诗找，结果找不着。这桃花面的出身可不是什么浪漫的爱情故事。因为它原本是叫"逃荒面"的。从前榆次是个富足的地方，有句话说"金太谷，银祁县，榆次多的是米和面"。过去到了饥荒年月，外地的穷苦人逃荒来到这里，东家施舍几片大肉，西家给个丸子、鸡蛋，浇在热腾腾的白坯儿面上，就成了一碗瓷

升级版的桃花面，也可以做得很漂亮。

瓷实实的"逃荒面"。后来竟然渐渐发展成了地方风味。不知哪位文化人听着别扭，就谐音成了"桃花面"，让人听起来立刻觉得浪漫了。

桃花面强调的是浇头，吃这种面可以选择不同的面条儿，可以是手擀面，也可以是刀削面、压饸饹。不过，最地道的吃法还要数剔尖儿。

所谓剔尖儿，是只在晋中一带才有的面。做这面需要功夫，其他地方很少见得到。大柴

榆次老城街边面馆里做剔尖儿的厨娘。

锅烧开了水，把一块湿漉漉的稀面摊在一个乒乓球拍似的铁板上，一手握着铁板的手柄，另一只手的拇指和食指捻着一枚半尺来长的钢签子，银光闪闪的，就像一柄袖剑。只见这"袖剑"在面的边缘上"唰"地一拨，剔出一根柔滑绵长的面条儿，"嗖"地甩了出去，划出一道道弧线，正落在"呱啦呱啦"沸腾着的水里，"啪啪"的声音充满了力道，让人想起剑侠的武艺。

　　榆次怎么会有这么一种独特的面呢？这还真有点儿历史渊源。《史记·刺客列传》里有这么一个故事，说：当初荆轲曾经到过榆次，和一位叫盖聂的剑客论剑。高手比试并不拔剑，斗的只是眼神。盖聂对荆轲怒目而视。荆轲离开了。荆轲

晋中市街边小面馆的招牌，随随便便就能做十几种面。

走后，有人劝盖聂再把荆轲叫回来。盖聂说："刚才我听他讲剑有不周之处，就用眼睛瞪了他。你们去找找试试吧。不过我估计他是不愿意回来的。"派去的人回来禀报，荆轲果然已乘车远去。盖聂说："他肯定会走的，刚才我用眼睛震慑住他了。"从这段记述我们看出，盖聂应该是比荆轲高明得多的剑客。他隐遁于此，不知所起，不知所终，只留下深厚的功夫让人回味不尽。或许盖聂的子孙一直没离开榆次，把旷世剑术融进了那根拨面用的"袖剑"里？榆次一碗桃花面，竟然隐藏了两千年的功力，外人当然不容易学会。

拌面吃的作料山西人并不叫浇头，而是叫作调和，就是调和滋味的调和，用词非常精当。不过，像桃花面这么丰腴的调和，在山西也并不多见。现在比较常见的调和是小炖肉、西红柿鸡蛋、醋卤，还有杂酱。

醋卤应该是最具山西特色的调和，就是把葱、姜炝锅之后直接炒山西特产的老陈醋。您到了山西一定得尝尝这地道的山西风味儿。

杂酱，我感觉并不像北京的炸酱，它看起来比较稀，更像是肉末儿、酱油勾了芡。

　　说到北京的炸酱面，这几年可是特别火。满大街都是老北京炸酱面馆子，甚至出现了老北京炸酱面大王，大有代替烤鸭、涮羊肉成为北京饮食名片的态势。其实，出现专门的炸酱面馆子也就是近几年的事。再早，炸酱面都是百姓居家过日子离不开的家常饭，进不了馆子，也不算是街边随便点补的小吃。

　　北京人为什么爱吃炸酱呢？这在很大程度上是受了旗

北京人民艺术剧院的话剧《茶馆》里多次提到烂肉面、炸酱面。

人的影响。当初努尔哈赤曾倡导"以酱代菜"来强化部队给养，后来清宫御膳更是四季离不开酱。春天吃的是炒黄瓜酱，夏天要有炒豌豆酱，立秋以后上炒胡萝卜酱，到了冬天要吃炒榛子酱，这就是所谓的"宫廷四大酱"。不过宫廷四大酱并不是拌面条儿的调料，而是精致的压桌小菜。

后来，这种吃酱的食俗逐渐传进京城的普通百姓家。老百姓的吃法当然没有宫里那么讲究，通常都是把饭菜放在一个大碗里，于是有人家就把黄酱炸透了再配上菜码儿拌着吃，有点儿像这两年流行的盖饭。日久天长形成了一套规矩，也就发展成了后来京城里最接地气的名吃——炸酱面了。

其实，北京人家里吃的面不只是炸酱面，还有不勾芡的各种余儿面和勾了芡的各种卤面。从前家里头腌咸菜，把那老咸汤浇到面上就成了老咸汤儿面；要简单可以吃虾皮酱油面；过生日则讲究吃打卤面……老舍先生的《茶馆》里写了，过去泡茶馆泡饿了，得来一碗烂肉面。即便是像祥子、小崔那样卖力气拉车的，饿了歇歇脚儿也要吃上一碗浇了所谓"三合油"的白坯儿面。

什么叫三合油呢？就是把香油、酱油、醋兑在一起。把它们浇在面上，就是一顿穷苦人也吃得起的解馋的"穷人美"，它给社会底层的人带来了简单的幸福感。

北京是中国东西南北文化荟萃之所在，也是东西走向的长城和南北走向的大运河交汇的地方。面条儿的传播也基本上是从西域沿着黄河、长城一路向东走到北京，又沿着大运河一直走到江南。

北京，是京杭大运河的最北端。京杭大运河曾经是沟通中国南北物产和文化的要道。它不仅把江南的大米千里迢迢运进京城，也把北方人吃面的习惯带到了江南。所以，在大运河南端号称"鱼米之乡"的江南一带，每天都有人同样大口大口地吃着面。

面条儿就像一张白纸，走到不同的地方，就会被画上不同的风景。本来粗得像裤带的面条儿，传到了江南，自然也就染上了江南纤细的气韵。

江南人吃面条儿不再是一大碗面拌上作料呼噜呼噜当饭吃。江南人吃面条儿更像是吃点心。

乾隆年间有一位有名的诗人叫袁枚，他三十多岁归隐

在有着两百多年历史的苏州名店松鹤楼，能吃到《随园食单》里提到的鳝面。（松鹤楼供图）

江南，在江宁小仓山下筑随园，不但写出了《随园诗话》，还把大半生的美食心得写成了一本《随园食单》，被厨师行业视为江浙菜的《圣经》。《随园食单》里专门有一篇"点心单"，一开篇竟然连续写了五种面条儿：鳗面、温面、鳝面、裙带面、素面。不仅有做法、吃法，还有自己对面

红汤奥味面是苏式面的经典。（松鹤楼供图）

条儿的深刻理解。比如他认为："大概作面总以汤多为佳，在碗中望不见面为妙。宁使食毕再加，以便引人入胜。"

正像袁枚说的那样，江南的面基本上都是汤面。也就是煮出一碗纤细的龙须面，浇上各种鲜汤，有荤的也有素的，有红汤也有白汤，吃的时候再加上精致的配菜。既然是点心，那么最好是当早点吃。

不知您注意没有，凡是远道而来的好吃食，多半是先精致化以后当点心，就比如今天的面包，大多数人并不作为主食，而是当早点吃。传到江南的面条儿也一样，南方人讲究的是大清早儿吃。

作家陆文夫先生的代表作《美食家》里有这么一段生动的描写，苏州顶级吃货朱自冶每天睁开眼的头一件事就是"快到朱鸿兴去吃头汤面"。

所谓"头汤面"，就是清早起来下锅煮的第一碗面。为什么非要吃头汤面呢？面馆里煮面是千碗面一锅汤。没等下到一千碗，那锅面汤就稠得跟糨子差不多了，煮出来的面自然就不那么清爽、滑溜，而且有一股面汤气。讲究的主儿是不能吃这样的面的，必得起个大早去吃头汤面。

在苏州，清炒鲜虾仁是最常见的浇头。（松鹤楼供图）

不过，这头汤面也不是随便谁都会吃的。您得会点，店家才能按您的吩咐上。如果是朱自冶在店堂里一坐，您就会听见跑堂的喊出一连串的切口："来哉，清炒虾仁一碗，要宽汤、重青，重浇要过桥，硬点！"听起来跟暗号似的。

这套行话什么意思？解释一下：清炒虾仁，本来是炒菜，但苏州人吃面的时候是当作浇头的。您可以作为佐面的菜肴单吃，也可以浇在面上拌着吃。在苏州，同样的一碗汤面，有几十种浇头可以选择，比如焖肉、焖蹄、爆鳝、五香排骨、虾仁、香菇炒素等，种类之丰富，几乎就是整个苏菜体系的袖珍版。苏式面吃的就是这些精细的浇头。

重青，就是多放青葱。重浇，就是浇头要多。过桥，就是说浇头别直接盖在面上，而是单独用个小碗给端上来，吃的时候用筷子把面条儿挑过来，好像在两个碗之间搭建了一座拱桥。

为什么要硬点？苏式面用的面条儿没什么花样，是清

苏州面馆朱鸿兴，面的品种令人眼花缭乱。

一色的龙须面，但讲究下锅时要紧下快捞，图的是个咬劲儿。外地人吃不惯，还以为没煮熟。吃面的艺术和其他的艺术相同，必须牢牢地把握住时空关系。

面条儿就有这么强的可塑性，它能适应不同地方人的胃口，不管在哪儿都能变成最接地气的美食。就比如江南人喜欢吃鱼，但越鲜嫩的鱼刺越多，怎么才能把鱼拌在面里又没有刺呢？

我在上海吃过一种刀鱼面，是把号称"长江三鲜"之一的刀鱼反着钉在大木头锅盖上，靠汤锅里滚烫的蒸汽把鱼肉熏蒸得酥烂，鱼肉散落到汤里，鱼刺却掉不下来。真是不见鱼踪，只有鱼鲜。鱼和面的一次邂逅，美极了！

聊到这里，也许有人说了：中国吃面条儿的地方多了，远不只在你说的这个黄河和运河构架成的"人"字上头呀？

没错。"行走"在中国版图上的面条儿还有很多，它们像跳动的音符围绕着这个"人"字转，比如川味牛肉面——不过咱们今儿聊的川味牛肉面并不在四川，而是在我国的宝岛台湾。台湾的川味牛肉面，有故事。

做牛肉面离不开两样材料：面和牛肉。可台湾原本不产小麦，当地人自然也就不吃面。至于牛，当地人认为牛是耕地的劳动力，就更不舍得宰了吃肉了。况且那儿的牛多是干活儿的水牛，炖出的肉也不容易烂。

　　台湾开始吃牛肉面是 20 世纪中叶以后，那时候从大陆来到台湾冈山眷村的新居民里有很多原籍四川。他们发现当地出产的辣椒和蚕豆质量相当不错，就按照家乡郫县

随着时代的发展，台湾牛肉面也出现了不同的口味。（食尚小米摄）

豆瓣辣酱的做法做开了辣酱。眷村里专门饲养着黄牛，于是有人就把这种豆瓣酱研磨成糊，煸炒出红油做调料，和在炖烂的牛肉里，做出了颜色红亮、浓香鲜辣的川味红汤牛肉。眷村里很多北方人爱吃面条儿，经常连汤带肉地舀上一大勺拌面吃，既能解馋，又能抚慰思乡之苦。这就是台湾牛肉面和四川的渊源。

好味道有挡不住的诱惑！牛肉面先是在眷村里吃，后来逐渐有人在附近的街市上支起大锅炖肉、煮面，做起了买卖。这种吃法就渐渐传到了眷村以外。

有这么个规律，街上忽然流行吃面条儿的时期，多半是社会经济高速发展的时期。因为面条儿做起来省事，吃起来省时，还能满足人们味蕾的瞬间享受，真是又痛快又过瘾。

20世纪六七十年代的台北，经济上处于起步阶段，辛辣刺激的川味牛肉面正好契合了快节奏的都市生活，再加上那时候澳洲牛肉大量出现在台北市场上，价格相对便宜，于是吃牛肉面之风大盛。据说，桃源街上一度出现过二十多家牛肉面馆。家家大锅里浓汤微滚，各个招牌上写着"××大王"，整条街到处可以听到稀里呼噜的吃面声。那粗豪的氛围几乎成了台北街头一景。

原本来自大陆的牛肉面就这样在台北生根开花，演变成了地方美食的名片。很多观光客也特意来这里吃面、留影，以体验台北的市井风情。

后来，一些做牛肉面的师傅侨居北美，在唐人街仍然以此为业，并最终使川味牛肉面成为华人世界享誉度最高的面。不过它在大洋彼岸改了个称号，叫作"台湾牛肉面"。

有意思的是，大约在20世纪80年代末，这碗牛肉面又不远万里从美国漂洋过海回到了中国大陆，并且摇身一变，成了"加州牛肉面"。一碗"行走"的面条儿，从大陆传到台湾，转了一大圈又传回了大陆。正是：酣畅淋漓间，味道有几多？

台湾饮食文学作家焦桐先生这样评价牛肉面："一碗高尚的牛肉面常有着欲言又止的表情，某些难忘的地点，某些晨昏，某些掌故，某个人。"是呀，一碗面条儿，吃的不仅是滋味，更是说不完的故事和丰富的情感。

3 面条儿变身记

过桥米线已风靡全国，在北京也能吃到正宗的过桥米线。（八条一号餐厅供图）

　　面条儿是小麦粉做的。小麦粉也就是常说的白面。要是掺和上其他粮食，能不能做成面条儿呢？其实可以。要是根本不用白面，全用其他粮食代替，能不能做出面条儿呢？其实也行！那么问题来了，为什么非得把什么都做成面条儿吃呢？

　　我觉得，首先就是面条儿的形状决定了它的口感。面，吃起来顺溜，咽下去舒服，让人感觉特痛快。这种愉悦的体验，让吃惯了面条儿的人念念不忘。至于它的味道，又能够入乡随俗，根据不同的地域千变万化。不变的口感和变化的味道融洽地结合在一起，赋予了面条儿无比强大的适应性。人们往往是有条件要吃面，没有条件，创造条件也要吃面。

　　山西的面条儿之所以花样那么多，很大程度上是因为山西人常把小麦粉和各种粗粮、杂粮掺和起来做。山西很多地方缺水，缺水的地方不适合种麦子，在高寒的山区，小麦更紧俏。于是人们就把身边能找到的粗粮、杂粮掺和上白面压成面条儿。有名的荞麦饸饹就是这么个做法。

　　实在没有白面了，甚至可以用榆皮面代替白面，与高

粱面、玉米面等粗粮和在一起压成饸饹面。所谓榆皮面，
其实不是面，而是在春天长叶或秋天落叶的时候，把榆树
外面的粗皮剥去，把里面那层白皮撕下来烘干了磨成的粉。
榆皮面有个特点就是胶性大，和其他粗粮粉和在一起压成
条儿，吃起来感觉特滑溜，与白面做的面条儿能有一拼。

不过榆皮面毕竟不是粮食，它只能起到调节口感的作
用，并不能单独当饭吃，而且加工起来也非常费劲，所以
这种吃法属于没办法的办法。

提起粮食，人们常说大米、白面。如果顿顿都能吃上
喷香的大米饭，人们是不是就可以不想面条儿了呢？不会
的。人的口感依赖性极强。对于吃惯了面条儿的人来讲，
即使到了盛产大米的南方，米饭也不能代替面条儿带给他
们的诱惑。就比如广西的桂林米粉。

提起桂林，恐怕大多数人首先想到的是桂林山水甲天
下。但对于一个桂林人来说，比山水更重要的是一碗热气
腾腾的米粉。

桂林籍的著名作家白先勇先生七岁离开桂林，长期漂
泊海外，20 世纪 90 年代第一次回到家乡，住进酒店第一

件事就是问服务员：有没有"冒热米粉"？真是少小离家老大回，米粉不改口味贵。在白先勇先生的作品里，挥之不去的是桂林米粉的味道。就比如他的名篇《花桥荣记》，通篇是以桂林米粉为线索展开的。

桂林这座城市不大，人口也不算特别多。可您猜猜桂林人每天要吃掉多少斤米粉？二十多万斤！有一位桂林朋友告诉我，桂林人的一生，就是吃米粉的一生。

桂林人从什么时候开始吃米粉的呢？这说来可就话长了。传说当年秦始皇统一了岭南，设了桂林、南海、象郡，派人开凿了号称是"中国最古老的运河"的灵渠，沟通了湘江和漓江的水域，心里特别高兴。他听说这漓江风景美呀，就让李斯陪着坐船到漓江来玩儿。来到这里一看，嚯！敢情漓江里到处都是大鲤鱼呀！这在咸阳可是没见过。于是就赶紧让人把鲤鱼都捞上来，把鱼须子都揪下来。干吗呀？做面条儿吃，号称"吃龙须"。

这么吃了十几天，漓江里的龙王爷受不了了，只好化身成人，用大米磨浆漏成米粉，煮给秦始皇吃。秦始皇一吃，滑滑溜溜的，口感挺好，米粉就这么诞生了。民间传说您

就当故事听。吃过桂林米粉的朋友都知道，米粉真的就像
活泛的鲤鱼须子似的，几乎不用嚼，自己就扑棱棱往嗓子
眼儿里钻。

秦代修建的灵渠，沟通了漓江和湘江的水域，至今发挥着作用。

　　还有一种说法听起来感觉更靠谱，说当时秦始皇派过
来的几十万秦军都是吃惯了面条儿的西北人，可桂林这儿
不产小麦，只有大米，怎么办呢？只好想方设法把大米泡
发了磨成浆，然后灌进底下打了孔的牛角里，把米浆漏进
滚开的水里，煮成面条儿给秦军吃。

　　说白了，米粉就是面条儿的代替品。事实上"米粉"
的叫法出现得很晚。直到抗日战争前，大多数桂林当地人

还把米粉叫成"米面"。抗战的时候，全国各地几十万人一下子涌进桂林，为了与真正的面条儿相区别，才渐渐把它叫成了"米粉"。

您要是到过桂林就会发现，桂林的米粉店到处都是，大街小巷每隔十几步就有一家米粉店。从前桂林的米粉店都是自家碾米制粉做好了准备着，现在容易了，米粉店用的米粉大多是工厂统一加工好的半成品，每份二两重，临吃时用开水一焯，那粉团立刻舒展开来，变成了一窝滚圆溜滑、润白灵动的鲤鱼须子。不过在桂林不叫"焯"，老桂林把这个过程叫作"冒"。

冒好的米粉什么味道？冒好的米粉其实什么味道也没有，或者说是有滋无味。米粉的味道全都来自浇在上面的醇厚浓香的卤汁。米粉的诱人之处，一大半就是因为这种卤汁。当然了，按当地人的说法，这种卤汁的历史也非常悠久。那是从秦始皇修灵渠的时候，秦军为排解岭南的瘴气，解决水土不服，用各种草药和香料熬成的保健汤发展过来的。

不过，您别想找到什么卤汁的家传秘方。熬卤汁既没有统一的配方，也没有标准的工艺，而是各家有各家的高招儿，各店有各店的绝活儿。所用的配料少的只有几味，多的足有二三十味，除了常见的豆豉、大料、桂皮、小茴香，还有陈皮、甘草、香茅、草果等药材，再加上冰糖，配上猪筒骨、牛脊骨，熬上三天两夜，之后用文火始终那么暖着。有客人吃的时候，深深地舀上一勺卤汁，浇在冒透捞干的热米粉上，滴滴浓香顷刻间渗了进去，卤汁与米粉融合在一起，就成一碗老桂林离不开的卤粉。

　　老桂林品评卤粉的标准，除了卤汁，还有一样，就是码放在卤粉上的那几片薄薄的锅烧。所谓锅烧，就是把肥瘦相间的带皮五花肉煮透之后下进油锅里炸成的金黄酥脆的大肉。店家抄起菜刀"唰唰"几下，香酥脆韧的锅烧就整齐地码放在卤粉上了。有了这法宝，本来寡淡的米粉即刻就肥润了起来。

　　很多人总问，桂林哪家米粉最正宗？我觉得街边那些小店都挺正宗的。那些小店里吃米粉多是"半自助"，除了卤汁和锅烧，其他的配料都在小方桌上的瓶瓶罐罐里，任您添加。

　　用油炸过的黄豆叫作"酥豆"，加上能酸进牙根的酸笋子和柔韧耐嚼的酸豇豆，这三样是吃卤粉的绝配，您往足了添。当然，油爆辣椒和拍碎的蒜米也不能少。至于香菜和葱花，就随您的喜好了。

　　和十几号当地人一起坐在小板凳上，手里都捧着个小搪瓷盆，高挑慢拌着香喷喷的米粉，正吃得酣畅淋漓，忽然有位老哥匆匆进店，高喊："老板，冒二两卤粉，多切点锅烧！"这就是桂林人的生活。

　　桂林米粉是不是跟秦始皇有关系不好说，但米粉的吃法源于北方人爱吃的面条儿，应该是没有什么问题的。而且应该是比较讲究吃的北方人琢磨出来的。您想呀，用大米做面条儿一是麻烦，二是损

在灵渠岸边，有一块刻有"桂林米粉发源地·兴安"字样的石头。（黎明摄/FOTOE 供图）

耗大。

首先，做米粉可比用小麦粉加水和面揿面条儿复杂多了。做米粉先要用水把大米泡上大半天儿，等泡涨起来，再研磨成牛奶一样的米浆。把米浆倒进布袋子里封好，用大石头压挤干水分，等它发酵出胶性。之后取出雪白的粉团用开水煮了，再放在臼里反复捶打出弹性，装进带孔洞的器具里挤压成条儿，直接漏进开水里煮，熟了还要用凉水过一下。多复杂！

实际上广西的米粉、云南的米线，乃至越南的河粉、泰国的米线等，差不多都是这么个做法，大同小异罢了。比如有的地方要把米泡上几天先发酵再舂，有的地方是把米浆灌进布袋子挤进开水锅里。所以您看，做米粉很费工夫。好在米粉并不像面条儿一样讲究现做现吃，而是可以一下做出好多，晾干了存着，吃的时候用开水稍微一烫就可以了。这就是桂林人说的"冒"而不是"煮"，因为那米粉已经是半成品了。

至于损耗，米粉实际上是大米的精华，很多淀粉在加工的时候都随着水流走了，所以做米粉就需要大量的米。

在收成不好的困难时期，人们一般会少做些米粉。

这么复杂的工艺，又要耗费大量粮食，那么应当是生活不错的讲究人发明的。历史上有几次大规模的北方人南迁，号称"衣冠南渡"，都恰恰发生在面条儿发展史的节骨眼儿上。

当然了，这里说的"衣冠南渡"，不是说帽子和衣服去了南方，那怎么去呀？而是说穿戴得整整齐齐的有身份的人士去了南方。第一次"衣冠南渡"，是因为西晋末年发生的永嘉之乱，让中原在几十年里打成了一锅粥，大批北方官僚士绅带着家眷和随从乌乌泱泱地逃到了南方。这些南渡人士自然也就带去了当时北方正在流行的吃食"汤饼"。可南方没那么多麦子呀，怎么做呢？于是就想办法用大米做。只是那个时候还不叫"米粉"，而是叫"乱积"，就是流出来煮熟了，乱如线麻，纠缠盘绕成一团的意思。

到了宋代，中原地区面条儿的吃法已经相当丰富，但南方的面条儿却不怎么好吃。为这件事，陆游还专门写了一篇《东坡食汤饼》。说苏东坡和弟弟苏辙被贬谪到南方，在梧州、藤州之间哥儿俩碰见了，于是就在路边的面条儿摊儿上一起吃了顿面条儿。那面条儿粗得难以下咽。苏辙放下筷子叹气，而苏东坡呢，已经呼噜呼噜吃完了。他慢悠悠地对弟弟说："你还想细细咂摸呢？"说完大笑着站起来。秦少游听说这件事后说："这个东坡先生，这是只管饮酒而不管它的味道呀（原文：饮酒但饮湿）。"

北宋末年，靖康之难，又引发了一次大规模的"衣冠南渡"，结果是"暖风熏得游人醉，直把杭州作汴州"。汴州的面条儿也成为杭州城里的新宠。

可没过多少年，蒙元占领了中原，随即挥军南下，大批宋朝的精英不断南迁来到岭南地区。那儿的面条儿不好吃，怎么办？拿米做呗。只是那时候还不叫"米粉"，而是叫"米缆"。

所以说，岭南一带米粉的吃法并不是一次形成的，而是随着一次次的"衣冠南渡"，北人南迁，不断发展出来的，因此也就有了不同的做法和不同的吃法。

想来怪有意思的，最初把小麦磨成粉做成面条儿，是因为麦粒儿煮着没有大米口感好。后来吃惯了面条儿，到了南方，反倒要费尽周折把原本直接煮着吃的大米做成面条儿。可见即使是在困难的时候，人吃饭也不仅是为充饥，而是会尽可能追求进餐的愉悦感。即使是再普通的食材也会这么做，即使多费辛苦也会这样做。这大概正是人类追求美的天性使然。

岭南很多地方都有把大米做成面条儿的吃法，只不过叫法不同罢了。现在影响力比较大的，大概首推云南的过桥米线，阵势宏大，吃法热闹，可以说是风靡全国，以至于很多人把"过桥"当成了米线的代名词。

过桥米线是怎么个热闹的场面呢？您往桌前一坐，服务员就会端上来一个大海碗，小洗脸盆似的，碗里盛满了牙色的清汤，看上去非常平静，连半缕雾气都没有。这汤可不是给您直接喝的。如果有谁不知道，直接吸溜上一口，保准把舌头烫个大泡出来。因为那层牙色是一层极薄的鸡油，油下面罩着用母鸡、老鸭、猪骨头熬出来的滚烫的鲜汤，能比100℃高！

上这么一大碗汤干吗用呢？别急，您接着看。服务员用一个大托盘端上二三十个小碟子，碟子里码放着片得飞薄的云腿——这可是当地特色，还有鸡胸脯、里脊片、猪腰片、肚头片、鱼片……除了荤的当然还有素的，青翠的豌豆尖、乳白的芽菜段、嫩黄的姜丝、乳白的腐竹、艳红的辣椒段等花红柳绿的一大片，外加两枚秀气的鸽子蛋。

接下来，该您上手了。先把鸽子蛋打进汤里，眼见着烫熟了，再把各色肉片推进去，用筷子轻轻搅和，等到变色了，再放进七七八八的配菜。就在这个时候，人家又端上一碗盘绕得整整齐齐的白净的米线，倒进去一涮，撒上香葱，等上一会儿，挑出米线一尝，嘿！晶莹剔透、水灵筋骨，几十种奇香同时袭来，让您的味蕾应接不暇。这就是过桥米线，七彩云南的味道。

很多人好奇，怎么没看见桥呀？过桥米线是怎么个过桥法呢？于是服务员就开始给您讲故事了，说有位贤惠的媳妇，每天端着瓦罐翻过一座小桥给用功苦读的丈夫送去米线……这故事透着古朴、温暖，不过总觉得有些牵强。

也有人说，所谓"过桥"，是指米线从小碗挑到大海碗里的时候像是搭起一座雪白的石拱桥；在汤里涮得滚烫之后，要挑回小碗里晾晾再吃，于是就又过了一次桥，这么着叫作"过桥米线"。听起来和苏州头汤面里的过桥如出一辙。

还有人说，过桥早先不叫过桥，而是叫"过浇"。那些作为浇头的肉呀菜呀原本是先用来下酒的小菜，所以给的量特别大，也就是浇头过量的意思。本来应该叫作"过浇米线"的，结果有个堂倌喊顺了嘴，就变成了"过桥米线"，

云南人家的餐桌上，最常见的是盛放在砂锅里的小锅米线。（八条一号餐厅供图）

大家听着感觉挺有诗意，也就将错就错了。

　　是不是云南的米线都是过桥米线呢？当然不是。在云南，米线的吃法远不止"过桥"一种。平常老百姓过日子哪能吃这么复杂呀！平常的米线都简简单单的，比如焖肉米线、肠旺米线、小锅米线等。云南人从小吃到大，而且当地也不说"吃"米线，而是叫作"划"。"老爹，烫碗米线给娃娃划划嘛！" 这才是云南人的语言。或许米线只有划拉着吃才更滑溜、更过瘾吧！

　　看过金庸小说的人都知道，云南在宋代属大理国。后来忽必烈出兵灭大理，很多当地人顺澜沧江南下逃生，有的就逃到了泰国——当地赛龙舟的习俗就是这么形成的。这些人去的时候也就把吃米线的习惯带了过去。

　　米线和面条儿一样，本身有滋无味，全凭调配得宜，从而变化成各种风味。米线到了泰国，不再用滚烫的鸡汤和猪骨头汤，而改成了用鱼发酵的鱼露做浇头，加上泰式咖喱、椰奶，甚至砂糖、辣椒酱等泰式调料，就变成了那种酸酸甜甜辣辣的泰国味道。

　　在东南亚，有这类吃法的地方不只是泰国。比如越南

人爱吃的河粉也是类似的情况。一碗很清淡的河粉，配上
茴香、姜根、丁香等调料，加上牛肉片就成了牛肉河粉，
加上鸡肉片就成了鸡肉河粉。要是到了新加坡或马来西亚，
少不了来一碗生虾鱼头米粉，那可是当地特色美食。

　　米粉也好，米线也罢，怎么传到东南亚的呢？应该说

据不完全统计，1881—1930 年的五十年中，经新加坡再散运
到南洋各地的华工就超过五百万人。这张漂洋过海下南洋的
照片陈列于广东华侨博物馆。（宝盖头摄 /FOTOE 供图）

这也不是一次完成的，而是经过了若干个历史时期，若干个历史事件，才形成了东南亚特有的丰富多变的米粉文化。比如经过了海上丝绸之路的传播，比如经过了历次下南洋的人口迁徙。

历史上，元灭南宋，很多忠于南宋的遗臣遗民漂洋过海去了南洋。清朝初年，大量不愿侍奉清廷的明朝遗民也去了东南亚。到了清末民初，又有几百万人下南洋经商谋生。而这些人，是心里揣着一碗米粉走的。对他们来说，米粉里不仅有滋味，也有家乡。可以说，只要有华人的地方就有好吃的米粉，只要受到中华文化影响的地方就有好吃的米粉。而这碗米粉，正是面条儿的化身。

面条儿这种顺溜的吃食，具有强大的生命力，它在中国的北方诞生、成长，之后一路南行，化身成了米粉、米线、河粉等多种样态，浇上各地的作料、汤料，又有了各地的味道。它就像一条线索，既牵引出历史，又把各地的文化紧密交织在一起。

这不免让我们思考，面条儿的灵魂是什么？它来源于小麦，但似乎又不只是小麦。因为即使没有小麦，人们也会想方设法做出面条儿来。

如果说米粉、米线还是不得已而为之，之后习惯成自然的话，那么还有一种神奇的面条儿，就更能说明问题了。什么面？鱼面。

我曾经在浙江省象山县吃到过一种面，十分滑润，鲜美异常。一般来说，吃面讲究要么味在汤里，要么汤在面里，那种面鲜在骨子里的，一打听才知道，叫"鱼面"。

这里说的鱼面并不是鱼汤煮面，当然也不是鱼块浇面。而是把马鲛鱼剖洗干净，刮下细嫩的鱼肉来，用刀背轻剁如泥，沾上玉米粉，用擀面杖反复捶打，做成一张薄润的鱼面饼，再下到滚开的水里氽熟捞出来，切成豆芽粗的光亮细条儿。这种鱼面可以说面即是鱼，鱼即为面，每一根面条儿都是鱼的味道。

鱼面在当地并不算什么稀罕物，很普通的人家也能经常吃得上。把做好的鱼面和银芽、冬笋、茭白等菜丝调制成羹，勾上玻璃芡，撒上胡椒粉，就成了。热滚滚地喝上一碗，怎一个鲜字了得！

说起象山，也许您未必了解，但提到在那儿拍摄过的一部电影，您一定听说过。那就是大大有名的《渔光曲》。1934 年拍摄的电影《渔光曲》，据称是第一部在国际电影节上获奖的中国故事片，可以说开启了中国电影走向世界的大门。电影是由著名音乐家聂耳先生亲自配乐的，主题歌《渔光曲》直到今天还被歌星们翻唱。这部电影的拍摄地就是象山，可见当地的渔业多么发达。鱼在那里自然就成了主要食材，于是也就诞生了鱼面。

其实这种做法和袁枚在《随园食单》里写的"鳗面"大同小异——大鳗鱼一条蒸烂了，拆肉去骨，和入面中，加鸡汤轻揉，擀成

1934 年，影片《渔光曲》公映，联华影业公司出品，蔡楚生编导，王人美、韩兰根、袁丛美等演出。（文化传播摄 /FOTOE 供图）

面皮，用小刀划成细条儿，然后就可以在鸡汤、火腿汤或者蘑菇汤里煨熟了。

　　鱼本来是很鲜美的吃食，为什么还要费劲做成鱼面呢？可见，人在意的不只是滋味，更是那顺顺溜溜的口感。麦粒粗糙，所以人们发明了面条儿。吃惯了面条儿，所以把大米加工成米面。即使有了鲜美的鱼，人们也会加工成鱼面。那么，我们回过头来再来思考一下，什么是面条儿呢？看来，顺顺溜溜都是面，人吃的就是个顺溜。

　　面条儿不同于丰盛的宴席菜，面条儿是属于大众的，面条儿的丰富多彩正说明了普通人对生活的热爱。

4 冰火两重天

用半个西瓜皮盛过水面，更透着清凉。

　　面条儿是随和的吃食。一碗白坯儿面，浇上哪儿的浇头就是哪儿的味道。可面条儿又是个性非常鲜明的吃食。吃面条儿讲究冷热分明，要么吃滚烫的，要么吃冰凉的；要么您吃锅挑儿，要么您吃过水面。因为只有滚烫的和冰凉的面条儿吃起来才是利落的——面条儿吃的不就是个利落劲儿吗？

　　煮好的汤面如果不趁热吃，没一会儿就泡糟了，所以大家都是吃热汤面。捞出来的面条儿如果不趁热吃，立马就粘在一块儿了，北京话叫"坨"了。您看我们劝人吃面都是要说上句："您趁热吃！"而没有说"您慢慢吃"的。想让面条儿不糟不坨怎么办？只有过水，也就成了过水凉面。温吞的面条儿，一般来说是不好吃的。

　　热汤面就甭说了，上至皇帝权臣，下到黎民百姓，几乎人人爱吃。中国第一历史档案馆编的《清宫御膳》一书记载，乾隆皇帝二月份的早膳里就有"野鸡清汤挂面一品"。春寒料峭，热乎乎地吃碗汤面上朝，心里透着暖和。

　　早起吃热汤面的不只是皇帝，就连牧民也吃。都知道内蒙古人爱吃手把肉，可煮完羊肉那一大锅汤干什么呢？直接喝？还真有点儿腻。清早起来擀点儿面条儿往烧开的羊肉汤里一下，连汤带面一大碗下肚，放起牧来浑身舒坦。

　　现代人都知道，吃早点很重要。早晨起来不光可以吃滚烫的汤面，也可以吃热乎乎的干面。比如著名的武汉热干面。武汉人把吃早点叫"过早"，最经典的过早就是吃热干面。

　　热干面的做法很有意思，首先要把面煮到七八成熟，用熟油拌匀了赶紧晾干，这叫"掸面"。一次可以掸好些面出来预备着。吃的时候用笊篱盛上面在滚开的水里来回

武汉市武昌区户部巷商业街老字号"蔡林记"热干面馆前的热干面雕塑。（刘朔摄/FOTOE供图）

一烫。这一烫需要手艺，少一分夹生，多一分糟烂，要把面刚好烫透了。然后赶紧盛在碗里沥干水分，淋上用喷香的香油调开的喷香的芝麻酱，您想那不得香透了呀！热干面吃的就是个浓香热乎。撒上青葱和榨菜粒等调料，看上去黄亮油润，吃起来爽利筋道，闻起来醇香鲜美。用武汉人的话讲，叫：香喷了！

有人说，热干面的灵魂是芝麻酱。这芝麻酱面到了北京，可就不再是热着吃了，就变成了芝麻酱凉面。北京有句俗话，叫：头伏饺子二伏面。天进了中伏，讲究要吃碗面。什么面？最地道的就是芝麻酱凉面。

北京的芝麻酱凉面和武汉热干面的吃法可不太一样。热干面是大早晨起来在街边吃的早点；芝麻酱凉面一般是中午或晚上在家吃的主食。很少有人大清早起来吃芝麻酱凉面的，因为太凉，容易闹肚子。芝麻酱凉面里的面条儿最地道的是抻面，其次是小刀切面。这和吃打卤面、炸酱面并没有太大区别，区别仅仅在于芝麻酱凉面的面条儿煮熟了之后要捞出来放在凉水盆里泡上几遍，这就叫“过凉水”。北京的三伏天，中午狂热，晚上闷热，一碗过水凉面下肚，从嗓子到肠子都凉透了，多舒坦！

芝麻酱凉面就是北京人夏天的当家饭。有句话说："北京人夏天离不开芝麻酱！"说这话的是老舍先生。有那么几年，北京的芝麻酱缺货，老舍先生心里急呀！他懂北京人，懂得芝麻酱凉面就是闷热的伏天里北京人的命。于是，老舍先生呼吁政府解决芝麻酱的供应问题。从那以后，北京人的副食本儿上就少不了芝麻酱这一项了，它给人们热得发躁的心带来一丝凉爽清香。不过也许很少有人知道，这二两芝麻酱是这位人民艺术家为北京人所谋的实实在在的幸福。

吃芝麻酱凉面的芝麻酱可不是买回来就能用的，而是要先用水澥开。也就是把稠芝麻酱扛出两三勺放在一个瓷碗里，加上一勺盐，然后一点一点往里加凉开水，同时用筷子搅拌调和。注意，搅拌的时候筷子要朝一个方向转，只有这样，芝麻酱才会和水充分交融。过不多会儿，巧克力色的稠芝麻酱就变成了棕黄色的稀浆。一直拌到用筷子挑不起来的程度，就算澥开了。

仅有芝麻酱还是不够的。芝麻酱凉面尽管简单，但吃起来也有讲究。除了澥开的芝麻酱外，还必须搭配上一系列的小料儿和面码儿才算地道。

　　小料儿首先就得说葱花酱油了，这是吃这口儿的标配，而且一定要现做现吃。葱花酱油怎么做？就是先在一个小碗里倒上多半碗酱油，切点儿葱花撒在上面。然后再在一个铁勺上放几粒干花椒，倒少半勺花生油或者豆油，小火慢炸。眼看着那花椒粒儿炸焦煳了，油冒了青烟了，立刻把这勺带着焦煳花椒的热油"砸"在小碗里的葱花酱油上，只听"刺啦"一声，香味儿立马就喷出来了。也有人用香油炸制花椒油，不过我觉得香油一烧热，那香味儿就挥发了，倒不如吃的时候直接点上几滴感觉更好。

　　吃芝麻酱凉面还离不开一样秘密武器——芥末酱。说它是武器，是因为它味儿太窜。这儿说的芥末酱可不是超市里卖的那种吃生鱼片用的绿色的青芥辣，而是用黄芥末面儿自己焖出来的。现在好多人不会这手儿，其实也没什么难的。就是把芥末面儿放在一个小碗里，调上一点点水和成很稠的糊糊，然后倒扣在热锅盖上，用不了多会儿，那芥末的辛辣味儿就窜出来了。北京的伏天让人憋闷，吃上一碗拌着芥末酱的透心儿凉的芝麻酱凉面，那股辣劲儿直冲脑门子，再打两个喷嚏，开窍提神，人也一下振奋起来了，那叫一个舒坦！

吃芝麻酱凉面当然也离不了醋，最好是用米醋。米醋味儿薄，杀口爽利，最适合夏天吃凉面了。这一点和吃炸酱面不同，秋冬季节吃炸酱面最好是用陈醋，因为陈醋厚重，吃起来香。

至于吃芝麻酱凉面的面码儿，黄瓜丝是最基本的。除了黄瓜丝，还应该有小水萝卜丝和切成末儿的青蒜。另外，还应该加上点儿腌香椿末儿，这样一碗面条儿就充满了接地气的鲜味儿。除了这些，要是能再加上点儿胡萝卜丝和开水焯过的豆芽菜就更好了。至于大蒜，北京人的吃法是整瓣儿地咬，唯有这样才觉得过瘾。

最后，再说说餐具。芝麻酱凉面当然可以盛在碗里吃，不过还有一样更有意思的餐具，它只适合夏天使用，那就是半个西瓜皮。夏天家家户户吃西瓜，把西瓜一切两半，把瓜瓤吃了，剩下来的西瓜皮就可以盛上芝麻酱凉面了。傍晚时分，坐在大槐树底下，听着知了叫，扇着大蒲扇，捧着半个西瓜皮，吃上一顿过了三回水的芝麻酱凉面，这才是北京人的夏天。

清代有一本书叫《帝京岁时纪胜》，书里这么写："夏至大祀方泽，乃国之大典。京师于是日家家俱食冷淘面，即俗说过水面是也，乃都门之美品。" 看来北京人夏天吃过水凉面是有年头儿了。

过水凉面，在古代叫作"冷淘"。至迟在唐朝的时候，夏天皇上开朝会，御膳房给官员们提供的膳食里头就有冷淘了。冷淘原本是宫廷食品，后来渐渐传到民间。

唐大历二年，五十多岁的杜甫在四川奉节美美地吃了一碗"冷淘"，神清气爽，心情大好，不由得想起了长安，想起了自己年轻的时候参加过的朝会，感慨万分，于是赋诗一首：

青青高槐叶，采掇付中厨。

新面来近市，汁滓宛相俱。

入鼎资过熟，加餐愁欲无。

碧鲜俱照箸，香饭兼芭芦。

经齿冷于雪，劝人投此珠。

愿随金骢裹，走置锦屠苏。

路远思恐泥，兴深终不渝。

献芹则小小，荐藻明区区。

万里露寒殿，开冰清玉壶。

君王纳凉晚，此味亦时须。

一般认为杜甫的这首《槐叶冷淘》诗就是关于凉面的最早记载。

前面提到了四川。四川的凉面至今都很有名，只是应该不是当初杜甫吃过的那种凉面。现在的四川凉面并不是过水面，通常做法是把面煮到八成熟，捞出来沥干水分，拌上熟油，再用电扇吹凉。

四川凉面的料汁儿也用芝麻酱，调配起来比北京的要复杂。调四川凉面的料汁儿要用酱油和米醋澥开芝麻酱，再调进四川特产的红油和花椒粉，外加蒜蓉和熟芝麻等调料，讲究一碗料汁儿能调出川菜的七滋八味来。面条儿就是这样，浇上哪儿的料就是哪儿的味儿，即使是一碗简单的凉面，也能彰显出浓郁的地方特色。

　　杜甫的诗里有一个细节不知您注意了没有，杜甫吃的凉面可不是普通的白面条儿，而是用槐树的嫩叶捣出的汁儿和面做成的面条儿，所以叫"槐叶冷淘"。那应该是一碗湛清碧绿的面，想起来都透着凉快，透着诗意，更别说吃了。这种面条儿今天很少见了。不过有人觉得今天西安人爱吃的菠菜面，就是从当初的槐叶冷淘发展来的。

　　西安人吃的菠菜面不是煮热汤面的时候加进去几根菠菜，也不是像吃炸酱面似的把焯熟的菠菜当菜码儿，而是直接用煮得烂熟的菠菜和面，然后不停地揉呀揉，揉成绿色的面团，再擀成一张大大的饼，切成或细或宽的面条儿。煮好了以后过两三遍凉水，就变成了一碗翠绿的凉面，浇上油泼辣子拌上醋，就是一碗具有大唐风韵的冷淘面了。您去西安的时候可别忘了尝上一碗，体会一下杜甫诗里"经齿冷于雪"的诗意。

　　唐宋是诗的时代，就连吃碗冷淘面都带着诗的韵味。您看，唐朝人吃的是湛清碧绿的槐叶冷淘。到了宋朝又发展了，人们索性用野菊花榨汁和面，做出了"甘菊冷淘"。

宋朝也有一首写冷淘面的诗，叫《甘菊冷淘》，作者是王禹偁。诗是这么写的：

经年厌梁肉，颇觉道气浑。

孟春奉斋戒，敕厨唯素飧。

淮南地甚暖，甘菊生篱根。

长芽触土膏，小叶弄晴暾。

采采忽盈把，洗去朝露痕。

俸面新且细，溲摄如玉墩。

随刀落银镂，煮投寒泉盆。

杂此青青色，芳草敌兰荪。

一举无孑遗，空媿越盌存。

解衣露其腹，稚子为我扪。

饱惭广文郑，饥谢鲁山元。

况吾草泽士，藜藿供朝昏。

谬因事笔砚，名通金马门。

官供政事食，久直紫微垣。

谁言谪滁上，吾族饱且温。

　　既无甘旨庆，焉用品味繁。

　　子美重槐叶，直欲献至尊。

　　起予有遗韵，甫也可与言。

　　这首诗比杜甫的诗写得更具体了。"煮投寒泉盆"什么意思？显然就是把面条儿放在凉水盆里过凉水了。"杂此青青色，芳草敌兰荪"——青青翠绿一碗面，散发出兰花般的清香。唐宋的凉面，听着也是醉了。

　　西北，是面条儿的发源地，那里不仅发明过充满诗意的冷淘，还发展出了升级版的凉面。所谓升级版的凉面，就是西北很多地方都吃的酿皮子，"酿"字在西北话里的发音是"让"。您要是夏天从乌鲁木齐到敦煌，再从兰州到西安，这一路上可以尝到各个地方的酿皮子，保准吃个肚儿歪。

　　酿皮子做起来要比凉面费事得多。确切地说，做酿皮子不是和面，而是洗面。通常是把和好的面团浸在凉水盆里反复揉洗，直洗到面筋和淀粉完全分开为止。把那块筋道的面筋拿出来，等剩下的洗面水澄清，倒去上面的清水，沉淀下的就是淀粉浆。把淀粉浆舀进抹了油的平底铁锅里摊成薄薄的一层，漂在开水上面烫，没多会儿就变成了一层白净光滑的皮子。出锅之后用凉水漂透了，切成晶莹的细条儿，盛在碗里。那块面筋也不浪费，蒸熟了切成带蜂窝眼儿的大块儿撒在上面。

尽管各地做法有所区别，但都大同小异，浇上用芝麻酱、醋、辣椒油调成的料汁儿，就成了西北人夏天离不开的酿皮子。吃起来柔韧可口，酸辣凉爽，所以也叫"凉皮子"。

酿皮子用的皮子可以是烫出来的，也可以是蒸出来的，并没有一个酿造的过程，那为什么叫"酿"呢？有一种传说，说它是从"娘皮子"演变来的。据说当年昭君出塞的时候，一路上鞍马劳顿，厨师为了调节她的口味，琢磨出这种精致的做法，而且做出一回皮子，能吃上几天，带在路上也方便。因王昭君算是"娘娘"，娘娘爱吃的皮子，就叫成了"娘皮子"，后来传来传去就成了"酿皮子"。所以，有的地方也把它叫"昭君皮子"。

民间传说，您就当故事听。我估计西汉的时候未必有这么复杂的工艺，倒是浇在酿皮子上的芝麻酱很值得注意。芝麻，本名胡麻，是沿丝绸之路传进来的西域物产，按照《齐

北京故宫博物院藏明代仇英绘《人物故事图册·明妃出塞》，描绘了西汉时王昭君
为汉、匈和好而嫁匈奴呼韩邪单于的故事。（FOTOE 供图）

民要术》中的说法："张骞外国得胡麻"。西北各地的酿皮子尽管口味不同，但都浇芝麻酱调的料汁儿也就不足为奇了。后来内地的凉面大都也用芝麻酱拌，恐怕正是受了西北酿皮子的影响。

照理说，凉面应该是夏天吃的。古时候没有电扇，更没有空调，全凭吃凉面防暑降温呢。冬天的时候一般不吃凉面，大冷天谁都想来碗热乎乎的汤面不是？可世界之大，无奇不有。偏偏就有一种比凉面还凉的面，按照传统的吃法就是在冬天食用的，那就是现在很多地方都能见得到的朝鲜冷面。地道的朝鲜冷面讲究汤上漂着冰块儿，要不说它比凉面还凉呢！

朝鲜人酷爱冷面，甚至直接把冷面叫作"面条儿"，而把热汤面叫作"温面"。朝鲜冷面和咱们平时吃的面条儿大不相同，它给人的感觉是：面，硬中带柔；汤，素淡又爽口；味，清逸而丰富。

首先说朝鲜冷面的面，那可不是通常的白面，而是掺了白面的荞麦面。荞麦生长在高寒地区，磨出来的面是黑褐色的，嚼起来的口感不能叫筋道，而应该说相当有咬劲儿。您要是牙口不好，可以叫服务员用剪刀给剪两下。不过据说那就破坏了它本来应有的口感。

再说朝鲜冷面的汤，那可就有讲究了。它不是一般熬出来的什么鸡汤、肉汤，而是腌泡菜用的泡菜汁儿。朝鲜人家家户户腌泡菜，特别到了立冬的时候，腌泡菜就像是个重要的仪式。因为冬天那地方很冷，几乎没有什么可吃的菜，所以泡菜就成了冬天里的美味。尽管腌泡菜用的菜品据说有几十种，但必不可少的主料是白萝卜和大白菜，把它们放在泡菜缸里发酵，腌出来的汤汁儿冰凉酸甜。

大冬天的外面冰天雪地，从泡菜缸里夹出几块泡菜放在荞麦面上，再舀出一勺带着冰碴儿的泡菜汤往荞麦面上一浇，朝鲜冷面就这么诞生了。所以那清汤才那么丰富，那么有层次感。汤上面漂着的冰块儿，原本就是泡菜缸里冻出来的自然冰。至于半个煮鸡蛋，一大片肉，黄瓜丝、白萝卜丝和梨丝什么的，那都是锦上添花了。

至于口味，古典朝鲜冷面的口味是冰凉清淡，不咸也不辣。明朝末年，辣椒从美洲传进亚洲，传到了朝鲜半岛。因为辣椒可以有效祛除海鱼和蛤蜊的腥味儿，所以在当地大受欢迎。很快做泡菜的时候也用上了辣椒，冷面也有了放辣椒酱的辣拌冷面。天寒地冻的时候，辣椒的火辣劲儿唤醒了人们冻僵的味蕾。一碗冷面下肚，冰火两重天，嘴里犹如翻滚过山车一样，更衬托出冷面丰富的口感，以至于现在吃朝鲜冷面好像都离不开辣椒酱了。

常有人问，朝鲜泡菜和四川泡菜有什么关系吗？传说真有。据说是唐朝将领薛仁贵征东的时候把四川人腌泡菜的方法传到了朝鲜，后来它结合当地的物产进一步发扬光大。

我猜连冷面也有可能是从当初薛仁贵传过去的冷淘发展出来的。因为薛仁贵是山西人，而朝鲜冷面用的面条儿几乎和山西常吃的荞麦面压饸饹一样，只不过是白面更少了，荞麦面更多了。这两样东西结合在一起，日久天长，就发展成了风味独具的朝鲜冷面。

您见过吃朝鲜冷面用的古典餐具吗？很特别，讲究用有底托的大铜碗，连筷子都是铜的或铜镀银的，带着很强的古代军旅色彩，备不住还真跟薛仁贵有点儿关系。

大概是20世纪80年代初，北京开始流行吃朝鲜冷面，

木版年画《卖弓计》，描绘了薛仁贵挂帅东征以卖弓为名计取摩天岭的故事，可以看出画中有韩式装束的人物，山东省博物馆收藏。（张庆民摄/FOTOE 供图）

当然没有用大铜碗和铜筷子，就是饭馆儿里的白瓷碗和竹筷子。记得那真是排着大队去买呀，一排排出半条街。因为大伙儿觉得这种吃法新鲜，清汤细面，酸甜辣凉，香韧鲜爽，上面还摆放着苹果片儿，简直太好玩儿了，所以在几年之内大受欢迎。只可惜很少有人敢在冬天去尝上一碗

古典朝鲜冷面的口味是冰凉清淡的，不咸也不辣，讲究用有底托的高
脚铜碗。

冰冷的面，以至于很长时间以来，人们都以为朝鲜冷面也
是夏天避暑的凉面呢。

　　面条儿的适应性真强！

5

面条儿带来的家伙什儿

图为早期来华西方人笔下的中国风物画。该图描绘了清代广东竹升面的制作场景。（文化传播摄/FOTOE 供图）

　　说了面条儿，人们很自然就能想起筷子。咱们中国人吃面条儿就离不开筷子。同时，我们也能想起面条儿带来的那些家伙什儿，比如案板、擀面杖，这是做面条儿少不了的器具。不过一般人想不到大竹竿子，在广东人眼里那可就是一根超长的擀面杖。当然了，那边不叫擀面杖，而是叫"竹升"。为什么这么叫呢？下面和您慢慢聊。

　　东西南北各处有不同的面条儿，也就有一些和各种面条儿成龙配套的家伙什儿。有一些现在已经见不到了，比方说古时候用的牛角、瓢儿。有一些现在还在用，可因为使用的地方不多，要是放在您眼头喽，您还未必会使，像山西人用的擦床、抿床什么的。有时候就是这样，您明明知道这家伙什儿是干什么用的，可如果没人教给您那点窍门儿，您还真就未必使得利落。就比如做面条儿的大型机械——饸饹床子。

　　饸饹床子本来是西北人为了让粗糙的荞麦面吃起来顺口而发明出的专用设备。大概是这家伙对提升粗粮的颜值太有用了，结果不仅传到了韩国、日本，而且还传到了您想不到的地方。尽管走出十万八千里去，模样却一点没变，只是用法上稍微有了些区别。

面条儿带来的家伙什儿，也带来了好多有意思的故事。今儿咱们就先从您最熟悉的筷子聊起吧。我们天天吃饭用筷子，不过要问筷子是谁发明的，恐怕谁也说不清。有人说是大禹。

说大禹治水的时候，有一回他饿急了，就架起火来煮肉吃。肉刚煮好，就有人喊前面又发水了，大禹情急之下撅了两根树枝从滚烫的热汤里把肉夹出来吃了，之后赶快干活儿去。大伙儿一看，觉着这方法挺不错，都跟着学，日久天长就有了筷子。其实，这只是个传说。

筷子的产生要比刀晚，甚至比勺子也晚。古人煮肉基本都是整煮，然后用刀切成小块儿，直接用手捏着吃。现在有些地方还是这么个吃法。当然，古时候没有钢刀，用的是石头磨成的刀，后来才出现了青铜刀。喝粥或者喝菜汤怎么办呢？舀粥和菜汤用的是勺，古时候也叫"匕"，后来发展出了汤匙的"匙"字。

最初的匕是骨头做的，也就是在骨头上弄出个小凹槽。这种骨匕在新石器时代的河姆渡文化遗址中就已发现了。

首都博物馆"燕地青铜艺术精品展"展出的战国时期青铜三犀鼎与青铜匕。（张健摄 /FOTOE 供图）

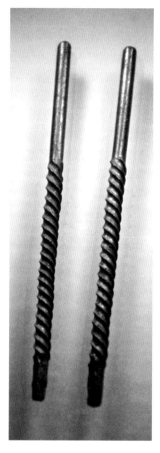

保定市满城县陵山满城汉墓出土的西汉银箸。（杨兴斌摄／FOTOE 供图）

后来才出现了青铜勺。您看，无论是"刀"字、"勺"字，还是"匕"字，一看就是早期的象形文字，很容易理解。

那么筷子呢？筷子这个叫法其实出现得非常非常晚，古时候它一直叫作"箸"。您看，和煮东西的煮是不是很像？古代的筷子是在刀和勺之后产生的，是专用来夹捞煮着吃的吃食的。夹捞什么呢？其中之一，应该就是面条儿。这种新鲜吃食的出现让刀和勺都显得不那么灵便了，要想把面条儿捞出来，无论是用刀还是用勺都不容易。而筷子不同，两根筷子一夹，很容易就能把面条儿挑出来。

　　还有一种说法，认为最早的筷子不是两根，而是一根。还甬说，我在一个面馆里亲眼见过一根筷子的使法：一口大锅里煮的能有几斤面，就见煮面的师傅拿一根长长的筷子，用类似使撬杠的方法往锅底下一戳，顺势一撬，那一锅面就全挑出来了。我想，最初的筷子可能就类似今天吃烧烤穿肉用的钎子。一开始只是单根地使，后来觉着使起来不够利索，于是一手一根左右开弓，后来逐渐合二为一，演化成一只手使的一双筷子。

　　这一变可不得了，竟然包含了中华文明特有的哲理：拿在手里是合二为一，用的时候要一分为二。动的那根为阳，不动的那根属阴。一阴一阳谓之道。用筷子吃饭就是道。夹上面条儿就是二生三，可挑、可拌、可夹，不管怎么用都顺手，也就成了三生万物。千变万化尽在其间。

　　说这么热闹，筷子到底是什么时候有的呢？四个字：无据可考。但最迟不会晚于商代。《史记》上说，商纣王用名贵的象牙做成筷子，他的叔叔箕子为此哀叹不已，心说这不是腐败的苗头吗？这就是所谓"纣为象箸，而箕子唏"。司马迁的意思是说，腐败就是从一双奢侈的筷子开始的。但我们也能看出那时候筷子已经很完善了。

其实要论吃面条儿，还是竹筷子、木筷子轻巧、实用。就像小说《红楼梦》里写刘姥姥进大观园，吃饭的时候，凤姐和鸳鸯单拿了一双老年四楞象牙镶金的筷子给她，她拿都拿不利落了，他们还让她夹鸽子蛋，结果逗得一群贵族男女笑话她半天。

现在发现最早的竹筷子是西汉时代的。在著名的长沙马王堆汉墓里就出土过一双竹筷子。因为埋藏的时间太久了，都已经变形打弯儿了。到了魏晋时代，筷子已经相当普及。在嘉峪关魏晋时代的画像砖上，人们使用筷子的场景随处可见。我们知道，那个时候正是面条儿的前身汤饼风光的时候，筷子普及也就很自然了。

箸被叫成筷子，是明朝的事儿。最早是苏州一带在大运河里走船的船民，他们很忌讳船停住，于是就反其道而叫之，把"箸"叫成了"快"。这就像山东人吃面条儿不说加"醋"，而是说加"忌讳"一样。这种叫法顺着大运河传到了京城，也就很快蔓延到全国了，筷子的叫法就这么产生了。不过不知什么原因，号称收录汉字最多的《康熙字典》里却没有"筷"这个字。

对现代人来说，好像对筷子的感情比对刀子和勺子更深，不仅是因为每天都在使，而且它已经深入到中国的传统文化里。

人们经常说，中国人吃饭离不开筷子。但是古人吃饭真是离不开筷子吗？原本不是这样的。按照《礼记》的说法，"饭黍毋以箸"，当用匕。也就是说，吃什么用勺，吃什么用筷子，有严格的分工，二者不能混着使。箸是专门用于取食羹中菜的，不能夹别的。而且还特别强调，吃米饭和米粥的时候不能用筷子，一定得用勺。

那么，从什么时候开始筷子比勺用得多了，或者说筷子比勺更普及了呢？是北宋。促使筷子代替勺子的一个重要原因，就是宋朝的时候汴京城里面条儿的流行。正像张择端《清明上河图》里画的，当时的汴京商业相当发达，加上宋太祖废除了夜禁，很多饭馆儿几乎是通宵营业。这样忙忙碌碌的社会氛围里，面条儿无疑是最受欢迎的吃食之一，因为它做起来方便，吃起来顺口。于是什么羊肉汤面、桐皮熟脍面、菜面，还有冷淘，就成了流行的吃食。

忙忙叨叨的生意人，吃饭自然没那么多讲究，怎么方便怎么来，一双筷子在手轻巧灵便，无论吃什么全都能解决。《东京梦华录》上讲，对面和肉各占一半的羹，"旧只用匙，今皆用箸矣"。那个时候不光是在汴京这样繁华的都市，甚至监狱里也能吃到面条儿。

《水浒传》上说，武松被发配到孟州，管营的儿子金眼彪施恩看中了他的一身好武艺，特意给他送去好菜好饭。武松在牢房里的第一顿饭是："一大旋酒，一盘肉，一盘子面，又是一大碗汁。"很明显，这是一碗浇汁面。

北宋以后，筷子就普遍使用了，而且随着面条儿的传播传到了很远的地方。这么说吧，凡中华文化所到之处必有筷子。

产小麦的地方用筷子吃拉面、切面，产荞麦的地方用筷子吃饸饹面，就连不产小麦的岭南地区，也费尽心思把大米加工成米粉、米线，用筷子挑着当面条儿吃。后来筷子又随着米粉、米线传到了东南亚。有一件特有意思的事儿，在泰国的餐厅里，吃别的吃食给您上的餐具是刀叉，唯独吃汤粉，给您上的是一双筷子。如果说丝路连着面条儿路，那么面条儿就连着筷子路。

筷子是吃面条儿的家伙什儿，做面条儿也有许多家伙什儿，最常见的就是做切面用的案板和擀面杖了。面条儿是从饼发展过来的，从擀面的做法上就能看得出来。那不就是先擀出一张薄薄的大饼，然后叠来叠去，再切成细条儿吗？这种做法比拉面更容易掌握，所以也更普及。

传到了广东，索性用大竹竿子代替擀面杖，一个人骑在上头压，案板也被扩大了好多倍，于是产生了"竹升面"。很多人奇怪为什么不叫"竹竿面"呢？因为在广东话里，把粗大的竹竿子叫"竹杠"，就是我们说的"敲竹杠"的"竹杠"。而"杠"这个音和"降"差不多，人们觉得不吉利，忌讳这种说法，于是就反其道而叫之，变成了"竹升"。其实跟把箸改成筷子是一回事，都是讨个口彩，图个吉利。中国人，总希望得到正能量的暗示。

您别看面条儿千变万化，但做面条儿的方法常见的只有三类。哪三类？

第一类就是切面。山东人讲究的小刀切面，就是用三尺长的擀面杖擀出来，再用小刀切成的面。这样常常一次能做出好多。

切面有个优点，就是不仅可以现做现吃，而且能挂起来晾干了存着，这就成了很多人都吃过的挂面。唐代的敦煌文书就多次描绘了把挂面装入礼盒送人的风俗。《水浒传》里有个情节，潘巧云到报恩寺和裴如海幽会，海和尚送给潘巧云父亲的见面礼也是挂面。广东人吃的竹升面其实也是这种面的变形。

第二类是和一块面，直接用手抻或者拉出面条儿来。这种做法看似容易，却需要精妙的手艺，不是谁都能做的。

这首先就表现在和面上。那可不是面和上水揉成面团那么简单，那样和出的面是没法抻的。必须先和出一块比较硬的面，然后一点一点地往面里加水，同时使劲地揉。什么时候感觉那面不再粘手，用手轻轻一按就可以出个小坑，才算和好。和好的面还要醒上个把钟头才能用。

一块面先揉成长条儿，再用双手拎起来抖长了，之后把抖长了的粗面条儿对折成两股，滴溜溜地转得像麻花，再抻成四股，四股先对折，再悠起来套扣后抻成十六股，就这么一遍一遍抻下去……抻面的过程看上去眼花缭乱的像杂技，但必须如行云流水，连贯流畅。

不一会儿，一块面团就成了大姑娘的辫子，大股里有小股，小股里是银丝——干净利落，一丝不乱。据说，最多的能抻出上千根面。还有更绝的，就是能抻出空心的面。

抻面可以抻得极细，以至于能穿针引线，摸起来如丝般光滑。不过这种细面实际上已经不能煮了，抻这种面只是一种表演。

抻面也可以抻得很粗，这叫二路条，号称吃了有力气。

但抻面有个弱点，就是一次做不了太多，顶多煮个三四碗，因为人的手就那么大。

第三类是各种漏面。一般人不注意，其实这是很大的一类。所谓漏面，就是把和好的面放在一个带孔洞的器具里往下漏，一般是直接漏在开水锅里煮。漏面用的器具就多了。比如古时候把牛角打上七八个孔，缝在一个绸子口袋底下，把稀面糊倒进绸子袋里，直接举到开水锅上，让面糊通过牛角上的孔漏成细线流到开水里，这样就成面条儿了。这就是《齐民要术》上说的"牛角漏杓"。类似的有用葫芦瓢钻上眼儿做成的瓢儿漏，用法都差不多。

　　山西有一种面叫"蝌蚪子"，是用类似擦床的器具漏的。为什么叫蝌蚪子？因为这种面条儿往往不是纯白面的，而是混合了高粱面、豆面等杂粮，所以也就不能做成很细很长的条儿，而是有点儿像小蝌蚪的样子，一箍节儿一箍节儿的。

　　蝌蚪子又分好几种，比如擦蝌蚪。做擦蝌蚪的擦床是月牙形状的，刀口朝上。做的时候手握一块和的比较硬的面团在上面擦。因为月牙形的刀口很容易将握面的手掌擦

山西的擦蝌蚪，用一块和好的硬面在擦床上擦，直接漏到滚开的锅里煮。

破，所以制作擦蝌蚪时一定要气定神稳，格外小心。

还有一种蝌蚪子叫抿蝌蚪，是用专门的抿床做的。抿床没有刃，向下凹，圆口形，附带一把抿锄是用来挤压面团的。做抿蝌蚪的面要和得稍微软点儿。做的时候把抿床直接架在开水锅上，用抿锄或手掌用力向下挤，把面抿进开水里，一会儿就能看见一条条小面蝌蚪在汤里翻滚漂浮，煮熟了一吃，特别滑溜。

明末清初的时候，山西有一位名人叫傅山，也就是梁羽生小说《七剑下天山》里的那位无极派大宗师，康熙初年三大剑术名家之一傅青主。他不仅精于儒学、医学、诗书画，对山西饮食也很有建树。在他写的一本叫《霜红龛集》的书中多次提到蝌蚪子："盂欲以此面漏作蝌蚪，作汤吃，虚松如无物，亦食中妙品也。"

说起漏面的家伙什儿可就太多了，擦床、抿床这都只能算小玩意儿。漏面用的家伙什儿里还有巨无霸级的重武器，那就是压饸饹用的饸饹床子。

传统的饸饹床子是木质的，最好是通红的枣木，看上去像个大木马，分上下两部分，用两棵碗口粗的整木材加

工而成。上面是一根前端带横轴的撬杠，下面是一根前方
后圆的横梁，通过前面的架子连接在一起。横梁中间凿出
一个大圆孔，底下镶着带筛子眼儿的钢板。有的地方也把
这叫作"窝子"，也有叫"扎口"的。撬杠正对着窝子的
位置安装着一个刚好能压进去的木塞子，有点儿像汽车上
活塞的构造。

　　压饸饹，就是把和好的面放到窝子里，狠命地压，压，
一簇粗细均匀的面条儿就像小河似的直接漏到底下滚开的

这种原始的木质饸饹床子，现在已经不多见了。内蒙古莫力达瓦达斡
尔族自治旗征集，内蒙古博物馆陈列。（刘朔摄／FOTOE 供图）

锅里了。所以，"饸饹"这两个字也可以写成"河漏"。

　　我见过的最大的饸饹床子有两米多长，直接架在一口大柴锅上，压"河漏"的时候上面站一个小伙子，使足全身力气往下压。据说那还不算最大的，最大的得几个人一起压。饸饹床子的结构非常精巧，算得上是最古典的机械设备之一。有时我就想，咱老祖宗为了吃口面能发明出这么符合机械原理的家伙什儿，怎么就没发展出现代机械呢？

　　压饸饹用的面，通常不是纯白面，而是掺了白面的荞麦面，所以也叫荞麦饸饹。为什么呢？因为压饸饹的面要硬，硬才值得这么压，压出来后吃起来才筋道。要全是稀白面，不用压就漏下去了。有的地方也用高粱面和玉米面等粗粮压饸饹。面太粗糙了压不成条儿怎么办？有办法。和面的时候用开水烫一下，这叫"炼面"，炼过的面就好使多了。

　　吃压饸饹可得有个场面，因为它既是批量生产，又要现做现吃，如果只做一两碗面，实在不值当动用那台大设备。所以要么是开面馆，要么是全村、全巷子办大事的时

20世纪80年代以前，陕北农民家里招待客人，在窑洞里压饸饹。
（胡武功摄/FOTOE 供图）

候一起吃。做的时候是装一窝子压一锅，压一锅煮一锅，就那么不停地煮呀煮，丝丝不粘，线线不断，笊篱捞，大碗盛，浇上臊子一碗一碗往外传，这在民间叫"流水饭"。

那首著名的西北民歌《走西口》里有一段是这么唱的："哥哥你走西口，小妹妹好心揪。噙着泪蛋蛋压饸饹，丝丝线线莫断头……"压饸饹是典型的中国北方面条儿，带着浓厚的西北人情味儿。

荞麦一般生长在贫瘠缺水、种不了小麦的地方，属于穷人的吃食。而荞麦面本身没有什么黏性，用荞麦面做面条儿比用白面难多了。有了饸饹床子，就能把原本不好吃的荞麦粒变成顺口的面条儿，给穷苦人的日子带来简单的乐趣。所以说，饸饹床子是项了不起的发明，它体现了穷苦人对生活的热爱。

同时，饸饹床子还是项世界性的发明，它不仅流行在中国西北，还连同荞麦面的吃法一起传到日本、韩国，乃至更远的你想不到的地方。

饸饹床子大概是在 17 世纪从中国东北传到朝鲜半岛的。直到今天，韩国农村使用饸饹床子的方法和中国西北还几乎完全一样，用的面也是掺了白面的荞麦面，只不过白面更少，因为可能没有那么多白面。所不同的当然是拌面的浇头，韩国的吃法是浇上一勺子酱汤。

日本最早的关于荞麦面的记载出现在1574年，相当于中国明代万历二年。先前日本的荞麦就是煮成粥或者做成饼吃。荞麦本来就硬，您想，熬成粥能好吃得了吗？所以荞麦原本是日本穷人的吃食。

后来，日本和尚从中国学去了做荞麦面的方法，在寺院里一煮一大锅，不仅自己吃，还施舍给来庙里上香的人吃。大伙儿吃得高兴，于是一边吃一边吸溜，心想，原来荞麦还能这么好吃呢！那感觉是轻松愉悦的。所以直到现在，在日本的一些寺院里，吃别的都得安安静静的，唯独吃面条儿是吸溜声越大越好。

到了1643年，也就是中国明代的崇祯年间，日本出版了一本关于饮食的书《料理物语》，里面详细记载了荞麦饸饹的做法，说和荞麦面的时候最好要用淘米水。您猜为什么？因为荞麦面没黏性，而淘米水里有淀粉和胶质，用淘米水和荞麦面可以增加弹性和咬劲儿。您看日本人琢磨得多细呀!

那怎么不掺上白面呢?因为日本传统上是个吃稻米的国家,古时候大米多,小麦非常少,属于贵族食物;而荞麦主要产在北部山区,原本是穷人吃的,穷人上哪儿找白面去?

饸饹床子传到韩国、日本没什么新鲜的,因为这两个国家很多东西都是从中国学去的。不过,要说饸饹床子穿越过了中国辽阔的版图,翻过了喜马拉雅山,您信吗?也许有人不相信。可是,当专家们把山西的饸饹床子带到了不丹王国的一个小山村的时候,那里的妇女还以为是从隔壁村借来的,而且拿来就会使,您说稀奇不稀奇?

不丹,是喜马拉雅山南侧的一个山地国家。低海拔地区种水稻,高海拔地区种荞麦。荞麦简单的吃法要么是做荞麦面饼,要么是做荞麦面片儿。还有一种复杂的吃法,就是用饸饹床子压饸饹。

不丹当地的饸饹床子的结构和中国的几乎一样,但用法上稍微有些区别。咱们是直接把饸饹床子架在锅上,把荞麦面压进滚开的水里,它们碰见开水立马凝固,也就成了长长的面条儿。不丹人是把面都压好了之后一块儿煮，所以煮出来是一箍节儿一箍节儿的，看上去有点儿像山西的蝌蚪子。然后捞出来，浇上当地出产的马葱、花椒和辣椒粉调配成的酱汁儿吃，据说那种酱汁儿的味道辣极了！

饸饹床子是怎么传到不丹去的呢？没有明确记载。我们只能大胆假设。不丹是一个佛教国家，很可能是古代到过山西的僧人把饸饹床子带过去的。我们知道，山西有佛教圣地五台山，而且五台山斋饭里的饸饹面还很有名。这位僧人必定是吃过饸饹面的，而且也知道饸饹是压出来的，但他并没有亲手做过，于是漏掉了把它架在开水锅上这个细节。

其实在饮食文化的传播中，类似这种传走了样的事儿很多。比如《围城》里的方鸿渐就说过，"茶叶初到外国，那些外国人常把整磅的茶叶放在一锅子水里，到水烧开，泼了水，加上胡椒和盐，专吃那叶子"。

6 能"通心"的粉

《意大利面几何学》的封面，各种形状的意大利面，充满了数学气息。

如果说有哪种吃食最接近人的本性的话，我觉得就是面条儿了。一碗面条儿端上来，亚洲人看见乐了，欧洲人看见乐了，就连大洋彼岸的北美洲，也有一大群人看见乐了。根本不用解释，大家都明白这是一碗好吃的面条儿。面条儿超越语言，因为面条儿本身就是世界语。

提到欧美的面，很多人首先想到的当然是装在盘子里的意大利面。尽管现在无论是在伦敦还是在洛杉矶，都有好多亚洲面馆，但意大利面，才是最能彰显欧洲风格的面。

几年前，意大利政府做的一项游客调查问："你觉得意大利的象征是什么？"他们本来以为会是比萨斜塔、水城威尼斯或是服装，结果您猜怎么着？和您想的一样，是意大利面！意大利面就是意大利的名片。

2010 年，我去参观上海世博会，排了三个多钟头的队好不容易进了意大利馆，还记得场馆的主题叫"人之城"。前面是服装、汽车、足球明星这些特有意大利范儿的设计，当走到最后一个厅的时候，我震惊了！抬头看，是一屋顶金黄色的小麦。环顾四周，满墙玻璃格子里都是五颜六色的意大利面，黄的、绿的、橙的、红的……而且是千姿百态，

法国作家亚历山大·仲马（1802—1870 年），又称大仲马，被誉为通俗小说之王，在他生命的最后十年却写了一本《大仲马美食词典》。

不但有最经典的圆棍儿似的圆直面，还有螺丝形的、弯管形的、蝴蝶形的、贝壳形的等等，能有几百种之多。灯光一照，简直就像一个展现意大利生活方式的万花筒。

　　要问意大利面到底有多少种，根据意大利首都罗马的面条博物馆介绍，是 563 种。可要是按照《大仲马美食词典》里对通心粉的解释，应该有上千种。书里是这么写的："意大利，尤其是那不勒斯，是通心粉的故乡……那里的人吃通心粉有上千种吃法。它可以用来做汤，撒上面包屑，通常会加上帕尔玛干酪，无论贫富，家家户户的餐桌上都能见到。"

通心粉？不就是那种中间是空的，周围带竖条儿，像水管似的通心粉吗？光是通心粉就能有上千种吃法？在这儿得解释一下，在意大利，原本是没有意大利面这个概念的。就像别的国家把我们的面叫作"中华面"，而我们自己没有这么叫的。我们是分成拉面、切面、饸饹面，或者是按照浇头分成炸酱面、阳春面、担担面等。在意大利，通心粉泛指所有用清汤或水煮的干燥的面，也就是我们理解的意大利面。

18、19世纪的德国大作家歌德到意大利品尝了通心粉之后是这么介绍的："从精致的面粉，到经过搓揉的面团，成为精致的、煮过的、口感极佳的食物，加上各种各样的作料。"听起来和咱们吃的面条儿差不多。只不过是"煮过之后洒上干奶酪粉，才加入其他作料"。加了奶酪就有洋味儿了。看来歌德那个时代的通心粉就是我们说的意大利面。

在美国，本来也是把通心粉当作所有的意大利面的，直到20世纪七八十年代以后，通心粉才用来特指几百种意大利面中小水管似的那一种。

　　说到通心粉，有一个地方的人就被叫作"吃通心粉的"。那就是意大利南部的海滨城市那不勒斯。我们说的通心粉就诞生在那儿。

　　那不勒斯很有意思，它已经有两千多年的历史了，最早是由希腊人创建的。后来罗马人、埃及人、犹太人都在这儿居住过。这儿的居民混合着各种民族，说着各

通心粉的古典吃法，鲜奶油底的白酱，撒上面包屑，加上干奶酪粉。

种语言，应该说是一个人来人往、很早就国际化的城市。
这里不仅是意大利通往地中海的门户，也是通往遥远中
国的交通要道，经丝绸之路到达地中海的货物，基本都
在这儿卸货。

18 世纪，那不勒斯的街头小贩流行卖一种好吃的，就
是煮好了以后加上奶酪的热腾腾的通心粉，专门卖给码头
工人和各地来的游客们。您甭说，这种吃法我在北京的意
面馆里还真尝过，味道很浓郁，又香又给力。这种地方风
味渐渐成了那不勒斯繁荣兴旺的象征。当地人也因此被叫
成了"吃通心粉的"。这个名号一直沿用到今天。

有一位有名的意大利记者曾经说，意大利面比但丁的
巨著更能彰显意大利人的才华。为什么呢？因为但丁的作
品是一个天才的智慧结晶，而意大利面，则是意大利人集
体智慧的体现。外国人可能无法了解和谐是什么，更无法
了解但丁诗句的意义，不过一盘意式宽面应该就可以说服
他，让他理解意大利的文明。

意大利人对意大利面自然是推崇备至。今天最能代表
意大利面的是圆直面。就是那种很细、很长、很硬的小

圆棍棍儿，有点儿像中国的挂面，不过颜色发黄。现在圆直面的消费量占全世界意面总消费量的三分之二。

不过，您可别以为圆直面的历史有多么悠久。其实这种面是 1836 年才有的。因为它是机器挤压塑形出来的，依赖的是工业技术。让圆直面风靡世界的也不是意大利人，而是美国人。美国人在 19 世纪末发明了罐装的圆直面，第二次世界大战的时候在英国到处都买得到，后来风靡欧洲。这件事儿让意大利人挺气不忿儿的，但没办法，就是

现在最常见的加了番茄酱的圆直面。

这么回事儿。

　　说到对面条儿的贡献，很少有人能想到美国。道理很简单，因为美国历史短。好像美国人只会吃汉堡、炸鸡什么的。其实，美国人同样爱吃面条儿，不光老百姓爱吃，连总统都爱吃。最有名的就是美国第三任总统杰斐逊，也就是两美元纸币上印着的那位。他在 19 世纪初旅居意大利的时候爱上了意大利面，尤其喜欢吃焗烤通心粉。临走的时候特意订购了一台做意大利面的机器运回美国。一有朋友到他家来，他就给人家做意大利面吃。就这么着，美国也流行吃意大利面了。

　　意大利面的花样特别丰富，除了我们常见的通心粉和圆直面外还有很多种。仅举简单几个例子：

两美元纸币上的杰斐逊总统。

特宽面。它的本意是"狼吞虎咽"或是"吃撑了"。类似中国陕西的裤带面。这种面足有两个手指宽，但吃起来像缎带一般光溜细润，不想大口吃光恐怕很难。特宽面和大块的肉、浓厚的油脂酱是绝配。据说这种面最早出现在中世纪，当时的人把特宽面加进用野味烹煮的汤里。到了今天，人们还吃得到用特宽面做的汤面。

说完了宽的再说个细的——发丝面，又叫"天使的发丝"，就是细得不能再细的面。类似兰州牛肉面里的毛细。这种面在文艺复兴时期享有崇高的地位，修道院里手艺高超的修女最擅长这种面。它算得上是当时面食中的顶级珍品。不过，意大利的吃法不是现拉现吃，而是先卷成鸟巢的形状风干了，吃的时候再煮。这又有点儿像吃桂林米粉的方式。

猫耳朵。没错儿，意大利也有猫耳朵，而且长相和咱们山西的猫耳朵差不多。只不过意大利的猫耳朵是干燥的，面身相当厚实，吃的时候配上稍微油腻的酱料，量不用多，将将把猫耳朵裹起来就行。

说到这儿，有朋友问了，意大利面这么像中国的面，是不是当年马可·波罗从中国传过去的呀？这种说法确实非常有影响力。甚至在1938年美国上映的电影《马可·波罗东游记》里也有这么一个场景：马可·波罗指着一碗面条儿问一个中国小伙子："这是什么？"小伙子回答："这是面条儿。"

　　然而，这不是真的。这只是一个人为编出来的故事。不过，编这个故事的可不是中国人。它最早出现在1929年美国的一本叫《通心粉杂志》的刊物上。拿现在的话说，是编辑编出来靠名人吸引眼球儿的，目的是在美国推广意大利面。不承想传来传去，竟然快传成真的了。您看，又

1938年上映的美国电影《马可·波罗东游记》，是最早讲述意大利探险家马可·波罗在中国的电影。

是美国人对面条儿的影响。

说面条儿不是马可·波罗传过去的，道理很简单。早在马可·波罗出生以前，意大利人就已经吃意大利面了。在意大利热那亚的国家档案馆，收藏着一份马可·波罗出生前十年的文献，是当时一位医生给病人开的处方，这位病人消化不良，医生建议他尽量少吃通心粉，也就是意大利面。看来，那个时候意大利面已经很多了，都能吃出消化不良来了。

退一步讲，马可·波罗生活的地区是意大利东北部的水城威尼斯，而意大利最早流行吃面条儿的地区全是在南部。

那么，意大利面是从哪儿来的呢？有一种说法是中国。欧洲人吃的东西很多都是直接用火烤的。您看，肉是烤的，鱼是烤的，面包是烤的，蛋糕是烤的，就连披萨也是烤的。顺便说一下，披萨也不是马可·波罗带过去的糊饼发展起来的，因为在庞贝古城遗址里就发现了披萨。但庞贝古城却没有面条儿。面条儿是煮出来的，前面我们说过，煮这种烹饪方式是典型的东方烹饪方式。

那么，是谁把面条儿传到欧洲的呢？是阿拉伯人，是行走在丝绸之路上、往返于欧洲和中国之间经商与游牧的阿拉伯人，是他们带着中国的面条儿穿越沙漠戈壁，一站一站传到西方去的。

我们先来看意大利面和中国面的主要区别：中国的面条儿大部分是湿的，讲究现做现吃；而意大利面大部分是干面，能存上两三年。

怎么弄干的？现在当然是用机器烘干的。不过最初可是晒干的，就是把刚做好的面条儿直接摆在太阳地里暴晒；接着再放到干燥的地窖里阴干，这样能让面条儿表面变软，而芯里却是干燥的；第三步才是最终的干燥，要等上一个多星期才能完成。这就是著名的"那不勒斯传统干燥法"。

据说这晒面可不是一件简单的事儿。晒面要了解月亮的阴晴圆缺、风向风力，得会观望云层和星辰。做意大利面，是一项技艺，更是一种激情。意大利文艺复兴时期有一本叫《烹饪书》的饮食著作，上面就写着："在八月的月光里制作面条儿，更耐存放。"

意大利面之所以这么强调晒，实际上是长期的沙漠之

唐三彩中有许多胡人骑骆驼的形象，正是唐朝往返于欧洲和中国的阿拉伯商人的生动写照。这尊1957年陕西西安鲜于廉墓出土的三彩釉陶胡人骑卧驼俑，现收藏于中国国家博物馆。（海峰摄/FOTOE供图）

旅留下的痕迹。唐朝的时候，东西方经济交流出现了高潮，丝绸之路无比繁荣，大批阿拉伯商人穿越沙漠上的一个个绿洲来到国际大都市长安。唐三彩里不是有很多胡人骑骆驼吗？那就是当时阿拉伯商人的生动写照。

这些阿拉伯商人骑着骆驼来到长安，尝到了当时非常流行的吃食——面条儿，觉得这比啃干饼顺口多了。于是，他们学会了煮面条儿，在回去的路上也带上了面条儿。这一路上风餐露宿，好在找点水拿罐子一煮，就可以享受到顺口的面条儿了。直到现在，中亚丝绸之路上的一些地方仍然有吃面条儿的习惯。比如塔吉克斯坦吃的拉格曼，实际上就是一种面条儿。在乌兹别克斯坦、伊朗等地的口语当中，"面条儿"这个词的发音和汉语基本一致，可见是从中国引进的外来语。

等这些远客回到了自己的国家，带了一路的面条儿早就变成干的了。当地人误以为这远道而来的高级食品本来就应该是干的呢。

有一个关于英国人为什么喝红茶的说法，听着跟这个异曲同工。说当初传到英国的茶叶，装上船的时候本来是绿茶，经过一路上闷在船舱里自然发酵，就变成了红茶。
结果，英国人以为茶叶就应该都是红茶呢。

　　和茶叶差不多，在意大利中世纪的时候，面条儿仅仅
供贵族和主教们享用。直到文艺复兴时期，面条儿还是上
流社会的特供。18、19 世纪以后，才逐渐传到普通人中，
慢慢变成老百姓的主食。

　　还有一种可能，就是面条儿是宋代沿海上丝绸之路传
到意大利的。宋代的中国西北先后被辽、西夏、蒙古控制，
陆上丝路逐渐衰微了。宋代和西方世界的贸易主要走的是
海上丝路。其中丝绸和瓷器的一个重要的贸易地区就是意
大利南部的西西里岛，之后是那不勒斯，进而是意大利北
部的热那亚、威尼斯。所以也有一种说法，西西里岛是海
上丝绸之路的终点。

　　就是这个西西里岛，吃意大利面的历史甚至比那不勒
斯还要早。牛津大学收藏的一份资料显示，早在 1154 年，
西西里岛制作的意大利面就已经出口到地中海地区了。那
正是中国南宋杭州城里大吃面条儿的时候。而在此之前的
两百多年里，一直是阿拉伯人统治着西西里岛。阿拉伯人

的生活方式在那里影响深远。

还有一件非常有意思的事儿能说明意大利面是深受阿拉伯人影响的。在意大利面的重镇那不勒斯，直到 20 世纪初，当地人吃面条儿还是不用餐叉的，当然也不用筷子，而是直接用手抓着吃。在西西里岛就更不得了，直到今天还有老派的当地人喜欢用手抓着吃，吃完后还意犹未尽地吸吮手指头。

到那儿去的游客看见这种吃法都觉得很惊讶，心想，怎么这么不文明呀？当地人可不这么认为。当地人觉得，你们用叉子也好，用筷子也好，只是用嘴感受面条儿的味道，而直接用手抓着吃，还享受到了面条儿的触觉呢。

其实，这种吃法是吃意大利面的古老传统，在一些反映那个时期的生活的绘画里，就能看到当时人们用手抓面条儿吃的场景。这种传统和文明不文明没有关系，它来自阿拉伯人出于宗教的饮食习惯。所以，面条儿传过去了，但筷子没有传过去。一个吃面条儿的动作，隐藏着面条儿传播的痕迹。

面条儿是沿丝绸之路传到西方的，不管是陆上丝绸之路，还是海上丝绸之路。面条儿就是古代丝绸之路的遗存，也是能"通心"的粉。

说到意大利面，顺便说一下吃意大利面用的餐叉。欧洲人的厨房里很早就有叉子，不过不是餐叉，而是那种两个叉齿烤肉用的炊具。真正放到桌子上的那种小巧的餐叉，起源于 11 世纪的拜占庭帝国。但欧洲大部分地区原本对它并不感兴趣，认为这个玩意儿有点儿娘娘腔。

大概在 14 世纪的时候，餐叉传到了威尼斯。威尼斯人立刻觉得这玩意儿太适合吃面条儿了。倒不是出于什么礼仪，而是因为用它一卷，面条儿就上来了，使用方法很直观，几乎谁都能一看就会。文艺复兴之后，餐叉也就随着意大利面在欧洲的流行而普及开了，并逐渐成为西方饮食进入文明时代的标志。看来，餐具的传播也跟面条儿有关系。不管是筷子、叉子，还是手。

意大利面最初不是意大利人发明的，但这并不妨碍它成为意大利的国餐。正是意大利人赋予了它丰富的形状——螺旋形的、车轮形的、蝴蝶形的、贝壳形的等。最短的也就 1.5 毫米，最长的能有 800 米。

　　充满艺术细胞的意大利人还在和面的时候添加了葡萄汁、菠菜汁、番茄汁等蔬果汁，让意大利面呈现出五颜六色。其种类之繁多，造型之别致，口感之独特，分类之严格，简直可以称为艺术，甚至形成了专门的"意大利面几何学"。很难说清楚哪种意面是谁发明的，制作意大利面的手艺，就是从母亲教给女儿以及左邻右舍的相互切磋里发展起来的。

　　意大利面能够发扬光大得益于那不勒斯，尽管那里不是最早出现意大利面的地方，但确实是最早用机械制造意大利面的地方。最初做面条儿的机械有点儿像中国的饸饹床子，不过上面不是一根压杆，而是一个很大的螺旋，使起来要比压杆省劲儿多了。把面团放进孔洞里，一拧螺旋，细长的面条儿就出来了。

　　压过饸饹面的人都知道，用纯白面和的面团直接压并不好使。因为白面软，刚一出口马上就粘在一块儿了。面必须和得很硬，而且要马上漏到锅里煮。但在那不勒斯不存在这个问题。为什么呢？因为那不勒斯出产的小麦和咱们的不一样。那不勒斯的小麦是硬粒小麦。这种小麦比普通小麦硬得多，不太适合发面做面包，倒非常适合压成意大利面，晾干了之后还不容易碎。这种小麦颜色发黄，所以我们看到的本色的意大利面都是偏黄的。

到了19世纪，那不勒斯出现了生产面条儿用的蒸汽机。这可是一个飞跃性的进步，使本来在手工作坊里制作的面条儿走上了工业化道路。那不勒斯一下子出现了几百家做面条儿的工厂。做那么多面可不全是为了自己吃，而是用来卖的。卖到意大利各地，也卖到欧洲其他地方。从一个城镇传到另一个城镇，从一个港口传到另一个港口，演化出让人眼花缭乱的意面世界。您在网上检索一下19世纪那不勒斯的老照片，就能看到街道两边摆满了一架子一架子正在晾晒的面条儿。直到现在，那不勒斯每年都要举行意大利面嘉年华。

说了面条儿，还得聊聊拌面用的酱。吃意大利面同样也需要拌酱，不过当然不是咱们吃的炸酱。起初，拌意大利面的只有鲜奶油底的白酱，后来发展出了橄榄油和香草调味的香草酱。19世纪末，富有想象力的意大利人首先把西班牙人从美洲带来的番茄酱用到了意大利面上，发明

在反映 19 世纪那不勒斯生活的老照片中，能看到街边晒面的场景。

出了番茄底的红酱，不仅形成了意大利面酱的三大体系，还让番茄这种欧洲人原本认为有毒的小果子一下子风靡起来。再配上各种肉类、海鲜、蔬果、香料，就调和出复杂多样的意面酱料世界。

　　尽管人的口味随时间而不断变换，但意大利面以其多变性和可塑性展示出强大的生命力，在世界食品界长盛不衰。现在，全球意大利面的年产量已达 1000 万吨，传播到五大洲的一百多个国家和地区，而且还以时尚餐饮的架势传回了面条儿的发明地——中国。现在中国吃意大利面的，大都是一些时尚小白领。

　　小麦，是早在前丝绸之路时代就从遥远的西方传到中国的。在中国的北方，人们把小麦煮成了面条儿。面条儿，又沿丝绸之路或是海上丝绸之路传到了遥远的西方，真可谓是"面条儿上的一带一路"。这个传播过程很好地诠释了民族与民族之间、文化与文化之间是可以沟通的，可以交融的。正是这种沟通与交融，让人类的文明得以发展。而面条儿又见证了这一文明发展的历程。所以说，面条儿就像一根根经纬线，把全世界不同的文明联系了起来。

7

将就里的讲究

打卤面。

一般来说，面条儿是很接地气的吃食，吃起来也比较随意。尽管如此，做面条儿也有做的讲究，吃面条儿也有吃的规矩。这些讲究和规矩又随着地域和时代而不断变化着。

就拿吃面应不应该出声来说，您别看这么简单的事儿，不同的地方规矩也不一样。在日本的一些寺院里，吃别的东西都要默默的，可唯独吃面条儿，最好吸溜着大声吃。日本的寺院做一次面条儿不容易，平时轻易吃不着。偶尔吃一次，是难得的放松机会。有张有弛，才是修行嘛。所以一到吃面条儿的时候，您就听吧，许多僧人围着大木桶一起发出"哧溜哧溜"的响声，那才叫震撼呢！

要是到了意大利，您要是这么个吃法，可就出洋相了。吃意大利面讲究无声胜有声，要安安静静的，一点声不出。如果谁端起盘子来"哧溜哧溜"地吃，一定能把主人震惊得目瞪口呆。

咱们中国关于面条儿的讲究和规矩就更多了。就拿做面条儿来说，它不光是一种做饭的手艺，有时候也能体现一种修养，甚至还可能是人生中需要经受的重大考验。

　　做面条儿是修养？还重大考验？有那么严重吗？有。
在面条儿的发源地——中国的西北地区，有这么一种风俗，
新媳妇过门第三天，要专门举行个仪式，就是新媳妇要洗
手、下厨、擀面、切面给全家人吃，而且讲究一气呵成，
中间不能停顿。这可不仅仅是为了看新媳妇面擀得薄不薄，
切得细不细，更是考察新媳妇的修养。要知道，在西北，
所谓"女红"不仅是指针线活儿，也包括擀面条儿的手艺。
"女红"也不只为练手艺，更是在修炼一颗绵密的女儿心。
面条儿擀得薄，切得细，而且千丝万缕，连绵不断，就说
明这个新媳妇修养到家了，以后在家里才有地位，往长远
了说才有掌家的潜质。这可是祖辈传下来的规矩，而且越
是知书达理的人家越讲究这个。

　　有意思的是，这个仪式发展来发展去就发展出了娱乐
性。因为新媳妇用的面是别人事先帮她预备好的，有的人
就开始在面里做手脚了，比如扯几缕白线掺和进去。如果
新媳妇的刀工好，刀起线断，一鼓作气，上来就能弄个开
门红。如果新媳妇力道不够，节奏掌握不匀，刀切到线上
是上不去下不来，那可就尴尬了，周围的人能笑话一辈子。

您看，一碗面条儿影响一辈子的声誉，这还不算重大考验？

面条儿，虽说是普通的家常饭，但在做法上也可以相当讲究。就拿一碗简简单单的北京炸酱面来说吧，要是按老规矩，那说道可多了。这么说吧，您要是想中午吃上炸酱面，大清早就得起来忙活。

首先说这酱，就是买来的黄豆酱。要是买的是成坨的

紫禁城出版社出版的《宫女谈往录》，真实记述了晚清的宫廷生活。

干酱，得用酱油澥开了才能用。要是图方便，直接用稀黄酱也没问题。其实炸酱不单可以用黄酱，要是讲究的话还可以加点儿甜面酱。按照《宫女谈往录》里的记载——这可是清宫里传出来的做法：一半黄酱，一半面酱，叫两合水儿的。大豆酿的黄酱是醇香的，白面酿的甜面酱透着鲜甜，和起来炸透了，没有黄酱的酱引子味儿，也不太甜，多少还带点儿酒香。您看味道多丰富呀！

甜面酱比黄酱贵，过去穷苦人家舍不得吃，也就只好全用黄酱了。日子长了，有人以为炸酱只能用黄酱呢。其实口味这事儿不是一成不变的，它也没有对错之分，只有讲究和将就的区别。就比如炸酱，要是按照《吃主儿》一书的介绍，王世襄先生家平时吃炸酱面也是一半黄酱、一半甜面酱。要是王世襄先生自己炸，用的全是甜面酱，再加一点点盐，还要加大量的糖。口味是可以根据条件随着时代不断变化的。您要是现在自己炸酱，加点儿番茄酱进去，炸出来的酱隐约间透着紫红，不但鲜亮红润，而且酸甜可口，别有一番风味。

炸酱说起来简单，可也是个费工夫的细致活儿：葱、姜切成末儿预备着；薄五花肉切成手指肚大的肉丁儿；铁锅里多放些素油，烧到八成热，用姜末焌锅；下肉丁儿炒到变色儿；倒一碗酱进锅里，之后改用小火不停地翻炒，这个时候还可以加上些泡发了的黄豆，吃起来更是味儿了。

为什么要用肉丁儿呢？因为拌上面吃的时候能实实在在嚼到肉，而且是名副其实的酱肉，鲜香醇厚，丰腴满口，那才叫解馋呢！不过用肉丁炸酱不算真正的讲究。真正讲究的做法是把瘦猪肉用刀背儿剁成肉茸，加上姜末和料酒先炒透了，喷香扑鼻的时候再按照一斤酱配一斤二两肉茸的比例把酱加进去，这样炸出来的就是一锅浓香滋润的肉酱了。

很多人总问炸酱有什么窍门，要说有也有。比方说，酱炸起来就不能再放盐或加酱油了，更不能加水，要不然炸出来就不那么醇了。还要注意的是，炸的过程中要用铲子紧贴锅底不停地翻，这个时间要足够长，但也不是越长越好。那么应该怎么掌握火候呢？这有个窍门儿：当酱下到锅里后，没多会儿就会把油全吸进去，锅里就看不见明油了；翻炒到锅里的酱不停地起泡儿，渐渐发亮，用铁铲一划，能划出个油道儿来，就说明吃进酱里去的油又全吐出来了，这就是火候到家了。这时候把葱加进去，再稍微翻炒几下就可以出锅了。

老北京炸酱，不仅是调料，更是手艺。（吴勇摄）

炒过菜的朋友会问，葱怎么是后放的？在这儿得解释一下，炸酱和炒菜不一样，炸酱的时候姜要先放，但葱一定要后放。因为姜是去腥增鲜的，主要照顾的是舌头；而葱是提香的，主要照顾的是鼻子。炸酱的时间比炒菜长得多，如果像炒菜似的用葱炝锅，等到酱炸好了，反倒闻不见葱香味儿了，所以葱要后放。借着酱的热气那么一熏，葱香扑鼻，酱香悠长，管保叫您胃口大开！

酱炸得了，盛上多半碗"锅挑儿"，扣上两勺子酱，能不能就这么吃？当然能。不过这么吃不讲究。要就这么吃，有个不雅的称呼，叫作"光屁股面"，意思是什么菜码儿也没有的面。吃炸酱面，也得讲究个"君臣佐使"一应俱全。

什么叫君臣佐使？君臣佐使是中药的配伍原则。这个原则形象地用古代君主、臣僚、僚佐、使者四种人所起的不同作用，生动描绘了中药方剂里各味药材之间的关系。中医讲"药食同源"，一碗炸酱面何尝不是一服中药呢？

中药，讲究功效。炸酱面的功效是什么？炸酱面最主要的功效当然是充饥。所谓"五谷为养"，面提供了维持我们生命所必需的养分，没有了面，炸酱面也就失去了意义。因此，一碗炸酱面里最不可或缺的当然是面条儿，所以面条儿是"君"。

　　只有面没有酱能不能吃？原则上说可以。但几乎没人这么吃，因为没味道。这就需要"臣"的辅佐了，也就是炸酱。酱让一碗面有滋有味有特色。炸酱面好不好吃，酱的作用非常关键。就像一个国家治理得好不好，官员起到很大作用。

　　仅仅有酱是不够的。想让一碗面有生机，有灵性，还

炸酱面的菜码儿可繁可简，没有一定之规，但有个原则，叫"顺四时"。

必须鲜陈搭配。这就需要新鲜的菜码儿来配陈香的酱。这些菜码儿不仅有营养，还对口味起到了辅佐的作用，用中医药学的观点看，自然就是"佐"了。

至于菜码儿用什么，没有硬性规定。可有个原则，叫作"顺四时"。简而言之，就是在什么季节就吃什么季节出产的新鲜蔬菜，顺应四季的变化。春温、夏热、秋凉、冬寒，对应着春生、夏长、秋收、冬藏。在一碗炸酱面里，这一规律就是通过菜码儿来体现的。

早春刚过，香椿刚滋出了鲜嫩的小芽，香得那么浓郁。切一点细细的鲜香椿末儿撒在碗里，整个屋子都洋溢着清馨的气息。过不了多少日子，火焰儿菠菜下来了，素而不淡，焯得了放在炸酱面上，不仅好看，还让人好像嚼到了春天。初夏时节，小萝卜是最好的时令菜，那份清甜是任何其他菜蔬所无法比拟的。三伏天里，经典的菜码儿当然是鲜嫩的黄瓜丝，还有焯过的鲜豌豆。秋天是收获的季节，菜码儿的品种也特别丰富，水萝卜、胡萝卜当然是切成丝生着放上，芹菜要焯了切成细丁儿，鲜毛豆用水煮熟了也是很好的菜码儿。进入十冬腊月，天寒地冻，外面飘着雪花，最地道的菜码儿就是开水焯过的大白菜头切成的丝了。

当然了，吃炸酱面除了菜码儿，还讲究要浇上醋，就几瓣儿蒜。醋和蒜刺激食欲、开胃生津，充当的是"君臣佐使"的"使"，起的是调和引导的作用，让一碗面吃起来倍感舒坦。

除了醋、蒜，还有两样小作料。一样是腌制的咸香椿末儿，加了它能画龙点睛。还有一样就更有意思了，什么呀？就是虾皮汤——少量的白虾米皮加开水冲成的汤。炸酱面特别爱坨，一坨，面条儿粘在一块儿，吃起来就感觉糊嘴。浇上两勺虾皮

一碗简单的炸酱面，也包含了"君臣佐使"的理念。（吴勇摄）

汤，不但嘴里利落了，而且滋味也更鲜美。

您瞧，一碗炸酱面可以吃得这么丰盛，多讲究！《易经》上说："观乎天文，以察时变。观乎人文，以化成天下。" 热爱生活的祖先们观察到了四时节令的变化，把这些规律和饮食结合起来，和起居结合起来，就成了日常生活中的规矩和讲究，而这些规矩和讲究又能蕴含在一碗炸酱面里。

不过话又说回来了，炸酱面再讲究，也只能是将就里的讲究。因为它说白了就是现在的盖浇饭，属于将就的吃法。

老舍先生的小说《四世同堂》里，常二爷从乡下背着一口袋小米来看祁老太爷，一进门儿，祁老太爷就赶紧让孙媳妇韵梅给他做炸酱面。一家人围着他，高高兴兴看他吃完了四大碗面，一中碗炸酱，和两头大蒜，外加一大碗面汤，这叫"原汤化原食"。

所以说炸酱面属于很随意的吃法，真正讲究的时候是不吃炸酱面的。因为它本来就不是什么高大上的吃法。什么是真正讲究的时候？就比如办人生的三件大事时。哪三

位于北京前门外的老舍茶馆，已成为京味儿文化的名片。图为老舍茶馆里的老舍铜像。（郭延民摄）

件呀？小孩儿出生，老人过世，再有当然就是过生日了。北京人办这三件大事都讲究吃面条儿，有所谓"人生三面"之说，但这"人生三面"都不能吃炸酱面。

那这"人生三面"讲究吃什么面呢？无一例外，吃的都是打卤面。有人问，什么是打卤面？这就得先说说什么叫卤，什么叫氽儿。北京人拌面的浇头除了炸酱、芝麻酱外，一般分成两大类：一类叫卤，一类叫氽儿。简单来说，凡是蔬菜做的浇头，勾了芡的称卤，不勾芡的叫氽儿。比如既可以有茄子卤、西红柿卤，也可以有茄子氽儿、西红柿氽儿，区别就在勾不勾芡。但打卤面的卤并不是简单的卤，而是按照特定工艺精心熬煮出来的卤。

这卤怎么做呢？首先要煮大肉片儿，也就是把猪肉切成大薄片儿放在锅里用开水煮。按照老规矩，应该是用五花三层的硬肋，毕竟过去人们肚子里缺油水。要是嫌五花肉油腻，也可以换成里脊，这样打出来的卤会相对清淡。水呱啦呱啦开一会儿，撇干净浮沫儿，就可以煮肉了。当然，肉不能用白水煮，要把各种调料装进小纱布口袋里一起煮。

这煮肉的调料可是个关键。俗话说"五味调和百味香"，打出的卤味道怎么样，几乎全在这调料上了。如果仅仅放点儿家里常用的花椒、大料、桂皮什么的，打出的卤好吃不到哪儿去。中医讲"药食同源"，讲究的调料必须是按照中药的配伍用道地的药材调配出来的。什么砂仁、蔻仁、茴香、贵通、丁香、肉桂、甘草，不下十几味，而且这些内容和配比还应该随着季节变化。您不会调配怎么办呀？没关系，中药铺有卖的。各家的配比还不太一样，所以煮出来的肉的味道也不太一样。您可以多尝几家，选一种自己喜欢的。

等肉煮到差不多的时候，还要放进泡发好的干货，比如木耳、黄花儿、海米、干贝、玉兰片。讲究的话，还应该放上处理好的口蘑，兑上泡好的口蘑汁儿。可口蘑里沙子多，不容易弄干净，要图省事也可以用香菇代替。地道的吃法还要加一种叫鹿角菜的海藻，只是现在很难买到了。

有人问，打卤面为什么非要加这些泡发的干货？加这些干货不仅是为了提鲜，更是因为这些东西代表着普及版的山珍海味。这既表示了对这一餐饭的重视，也表示了对来宾的格外尊重，意思是："您瞧，我连山珍海味都给您上了。"但这些干货又不是非常稀奇难找，寻常人家也买得着，吃得起，这样才能形成规矩。如果到哪儿都凑不齐，或一般人都买不起，也就不会有这么大的认知度了。

当然，仅有这些细料还不够，还得加上适量的葱、姜、酱油和盐提味儿。不过酱油和盐都不能加太多，因为吃打卤面并不像吃炸酱面似的得拌匀了，而是浇上卤稍微拌一下就得。酱油和盐加多了颜色不好看不说，吃起来也会齁嗓子，就体现不出卤的鲜味儿了。

煮到什么火候就算行了呢？等肉煮得用筷子轻轻一杵能杵出个窟窿的时候，就算煮到家了。接下来要勾上薄薄的米汤芡，让汤汁看上去光亮滋润。再拿个鸡蛋打散了，用筷子小心地滗蛋液，让它顺着两根筷子之间的缝隙慢慢淌进锅里。这时千万别搅和。不一会儿，那蛋液就会凝成一大片薄薄的蛋花了。再点上一点现炸的花椒油，大功告成！

吃打卤面讲究卤多面少。盛上半碗面，浇上半碗卤，图的就是卤的醇香。而且吃的时候不能拌，就那么边喝卤边吃面，那感觉才叫滋润。要是一拌，卤就澥了，韵味全失。

要说起来，面条儿本来就是家常便饭，即使是“人生三面”的打卤面，用的也都是普通的食材，可为什么要下这么大的功夫来做呢？就是为了表示这一顿虽然是家常饭，但因为意义重大，所以绝不能将就。您看，这么普通的食材，我做得多么用心！这既是对来宾的尊敬，也是对传统的敬畏。

在传统上，打卤面是郑重其事的面，不仅因为它好吃，更由于它饱含着礼数。所以有的地方的人在办喜事的时候也讲究吃打卤面，而且是升级版的打卤面。这种打卤面太丰盛了，以至于不能再叫打卤面了。那叫什么呢？叫喜面。哪儿人呢？天津人。

天津人办喜事讲究吃喜面，当然这喜事首先就得说结婚娶媳妇。天津人结婚摆席一般是在晚上。中午的时候，男女双方家里都得用喜面招待前来的亲戚朋友，当然还有街坊邻居。如果哪家老街坊有事过不来，还得准备好食盒，装上喜面，特意给人家送过去，讨个喜气，就像送喜糖似的。

喜面自然吃的是打卤面，不过除此之外，还得配上四碟炒菜。这炒菜不是随便上的，也有一定之规。一般家境的人家上的是：炒鸡蛋，在天津叫炒合菜，取和和美美的意思；肉丝炒香干儿，有的再翘些韭菜；虾仁炒黄瓜；还必有一盘糖醋的浇汁儿面筋，这可是天津特色。您家要是富裕，那可以来一套升级版的：韭黄鸡丝、清炒虾仁、桂花鱼骨、肉溜蟹黄。除了这四碟炒菜，还得有八样应季时蔬当菜码儿，据说这寓意着四平八稳，绵延流长。天津风味的喜面，结合了京津地区打卤面、炒菜面和炸酱面的特色，显得格外喜庆热闹。

　　有意思的是，天津人理解的喜事可不限于结婚娶媳妇。乔迁之喜，那得吃上顿喜面；涨工资了，那得吃上顿喜面；孩子考上好学校了，那更得吃上顿喜面；钱包丢了又找回来了，那也得吃上顿喜面……这么说吧，凡是喜庆事儿都可以吃上顿喜面。用天津话这么说："喜事儿呀！回家吃捞面去吧您了！"喜面，是天津的特色，带着天津人特有的喜兴气儿。

　　面条儿虽然是简单的吃食，但也包含着规矩和讲究。其实规矩也好，讲究也罢，都是我们的祖先们经历了多少代积累起来的，无非是为了让我们的日子过得更有滋有味，为了让我们更加热爱生活。而这种对生活的热爱，正是支撑生命的不竭动力之一。

8 简约的美味

红汤面。

吃美食，讲究品味。什么叫品味？用普通话讲就是细嚼慢咽，用北京话讲就是仔细咂摸。

可唯独吃面条儿，好像没听说谁细嚼慢咽，或仔细咂摸的。甚至劝人吃面条儿都没有人说"您慢慢吃"的，而是得说"您趁热吃"。吃面条儿就得快，越快感觉越顺溜，吃起来越舒坦。最好是第一口还没咽下去，紧接着第二口就扒拉进嘴，稀里呼噜大口吞，直吃到满头大汗，浑身通泰，肚子微胀，那才叫吃痛快了！看来，面条儿天生就适合当快餐。正是这种快餐的本性，让面条儿这种古老的吃食在 20 世纪 50 年代之后在很多地方活跃了起来，好像一下子又变成了流行食品。究其原因，还是因为那是一个经济飞速发展的时代。

香港曾经有一种面，当地人总是把它和风驰电掣的摩托车联系起来。您尝过没有？就是车仔面，很草根的车仔面。香港著名饮食文学作家欧阳应霁先生曾经这样介绍车仔面："这种打从上世纪 50 年代就出道的百分之三百香港的车仔面，开始的时候是非法流动小贩推着简陋的木头车上街卖面，为贫苦草根阶层填饱肚皮，一角钱一团可粗可细的蛋面，再加二三角钱添些配料，围住面档，人人一个碗口磨损崩裂的公鸡碗在手，三扒两拨尽快解决，唯恐小贩管理队不知从哪个地里钻出来，面档主人匆忙'走鬼'，剩下一群食客站在街头，拿着吃到一半的车仔面，不知如何是好。"这段话把车仔面的风风火火描绘得淋漓尽致。一碗简约的面条儿，注定是属于社会草根阶层的，它便宜，它快，然而它却反映出最贴地的香港市井核心价值。所以欧阳先生说："车在人在，一日有摩托车，一日有车仔面，一日有香港。"

　　同样是五六十年代以后，在我国台湾的夜市上也流行一种很简约的面，叫沏仔面。沏仔面用的面条儿是工厂统一加工的半成品，揉面的时候掺进食用碱，吃起来透着筋道。煮好之后拌上色拉油，一是为了让面不粘，再有也是让面条儿看上去黄亮黄亮的，所以也叫油面。临吃的时候，把这种面放进一个细长把的钢丝笊篱里，在开水里七上八下抖搂抖擞就熟了。捞出一大碗，浇上用鸡架和猪下水熬的汤，再放上豆芽、韭菜、猪油渣或肉片儿，就是一碗很实惠的美味。一大堆人端着碗围着面档，站着吃沏仔面，曾经是夜市街头一景。

沏仔面听起来好像很粗糙，不过也有略微精细的吃法。把"沏"好了的油面放进一个小碗里，浇上猪肉臊子做的浇头，放上一尾虾和一个卤蛋，就成了另一样台湾风味面——担仔面。

担仔面，这名字感觉和四川担担面差不多，卖法也类似，都是挑着担子卖。在台南，每年从清明到中秋是台风季节，渔民们不能出海打鱼，怎么谋生呢？就挑着担子卖快餐。打鱼的时候收入多，所以叫"大月"；卖面的时候收入少，所以叫"小月"，因此有了"度小月担仔面"。把面条儿用开水一沏，加上个虾和卤蛋，就是一顿简洁方便的美食。

"把面条儿用开水一沏，加上个虾和卤蛋……"说到这儿，不知您想起了什么，我立刻就想起了坐火车吃方便面。记得刚工作的时候，坐火车最大的乐趣就是在大搪瓷缸子里放进一包方便面，用开水一沏，焖上一会儿，打开盖儿，放个卤鸡蛋，再来点儿榨菜丝，嘿！那个美！比啃干面包强多了。

　　要说起方便面，和台湾地区还真是有些渊源，因为方便面的发明人就是出生在我国台湾的华人吴百福先生。

　　清朝末年，台湾省嘉义县朴子镇，有一户吴姓人家，一直经营布匹生意，算是当地的名门望族。1910 年，这家添人进口，得了个大胖小子，取名吴百福。不想，这孩子出生没多久父母就过世了，所幸的是祖父母健在，他从小就跟着爷爷奶奶在布匹批发店里长大。

　　到了 1932 年，因为生意的关系，吴百福移居日本。"二战"期间，他的所有财产化为乌有，自己也因为华人身份被日本宪兵逮捕入狱。日本无条件投降以后，经过各种折腾的吴百福只好改名安藤百福，重新创业谋生。

　　战后的日本到处是废墟，到处是残垣断壁，同时大量人口涌进城市，结果城市里食物严重短缺。这个时候美国运来了好多面粉，准备把日本的饮食结构改造成以面包为主。日本原来是以米饭为主食的，面条儿在日本是奢侈品。这下好了，忽然间白面比大米便宜多了，人们一琢磨，咱们吃面条儿吧！结果日本的城市里一下出现了很多家拉面馆，满大街都是排着长队等着吃面条儿的人。

面条儿成了日本投降以后新经济开端的象征。这在反映那一时期的日本文学作品里到处都能见到。咱们国家有些版本的中学语文教材里有一篇叫《一碗阳春面》的课文，或者叫《一碗清汤荞麦面》，是翻译自日本作家栗良平的小说，这篇小说就是这类作品的代表。小说写了一对开面馆的夫妻和大年夜来吃面的母子三人的故事，从三个人分吃一碗面，到三个人分吃两碗面，到最后每人一碗面，跨度十四年，情节感人至深，朴素的语言里蕴藏着触动灵魂的人性光辉。这部小说被翻译成几十种文字，算是关于面条儿的世界名作。

回过头来咱们接着说那位艰苦创业的百福先生。有一回，他路过一个拉面摊儿，看见摊儿前排着好几十人的长队，一个个穿着简陋的衣服，顶着寒风哆哆嗦嗦的。当时他就琢磨了，这都是些什么人呢？这些人大多是没家、没厨房、没时间做饭的劳工和单身汉，一个个饿得饥肠辘辘，希望赶紧吃上碗热面，之后好继续干活儿去。于是他就想，要是能生产一种用开水一冲就能吃的面，该多有市场呀！

回家之后，他就在后院的一间小屋里架起一口直径1

米的中华炒锅做开了实验，准备发明一种一泡就能吃的面。

　　所谓中华炒锅，就是咱们农村用的大柴锅。日本人吃生鱼片是不会用这种锅的。我估计，这恰恰是在嘉义长大的百福先生最熟悉的炊具。他当时给自己定的目标是五个：第一，不仅要好吃而且要百吃不厌；第二，要耐储存；第三，用起来简单，不需要学；第四，便宜；第五，卫生。可惜百福先生没学过烹饪，反反复复实验了一年多，不是粘成一坨就是碎了一地，弄得他苦恼透了。

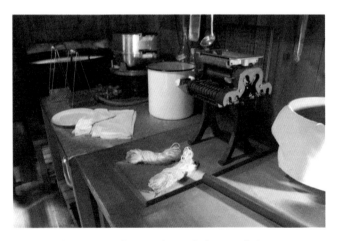

位于日本横滨的方便面博物馆里复原的安藤百福当年发明方便面的小木屋及屋里的陈设。

忽然有一天，他灵感大爆发，想到了油炸。油炸有什么好处？油炸过的面条儿不仅能迅速蒸发掉水分，而且面上有无数小孔，就像海绵一样，用开水一冲，水很快钻入小孔，面条儿立刻就能恢复弹性。这样，百福先生把在汤里入过味的面条儿放进油锅里炸，发明了"瞬间热油干燥法"，保存和烹调的问题就都解决了。

作为工业化的产品，得有一个统一的口味，那这种面条儿到底应该是什么口味呢？当时他的实验室边上正好养着一窝鸡，他做实验剩下来的那些面条儿经常让他丈母娘做成鸡汤面。他一吃，感觉挺不错的。再一琢磨，世界上爱吃鸡的人多，得，就鸡汤面吧！

1958年，世界上第一包工业化生产的袋装鸡汤方便面就这么诞生了。那一年，安藤百福48岁。没过多少日子，大批量生产的、方便储存的速食鸡汤方便面就涌向了市场。人们觉着这玩意儿太神奇了，一泡就能吃，像是施了魔法，于是把它叫作"魔法之面"。

别看不起这一包小小的方便面，这可是一项了不起的发明，它不仅解决了当时日本的吃饭问题，而且影响了全世界的饮食方式。

有一回，安藤百福去美国考察，他看见超市里的员工把方便面一掰两半插进咖啡杯里用开水泡，然后一边走一边用叉子挑着吃。他忽然醒悟，原来欧美人是不习惯用碗和筷子的，怪不得方便面在美国卖得不好呢！要想让方便面走向世界，就必须适应不同地方人的吃饭习惯。好在面条儿是可以千变万化的，于是百福先生又发明了放在杯子里可以端着随走随吃的"杯面"。

这中间有个小插曲，当时他的机器没有办法把面塞进纸杯里，怎么办呢？琢磨来琢磨去，他又有办法了，用杯子把面围起来不就得了。就这么着，1971 年，"杯面"诞生了。打开盖子，倒进开水，盖上盖子等一会儿，撕掉盖子，就可以吃了。就这么简单，是个人就能学会。于是方便面人气大爆棚。不仅美国满大街都看得见端着杯面随走随吃的人，而且在全世界的客机和火车上都能看见吃杯面的人。20 世纪 70 年代，是世界经济飞速发展的时代，杯面代表着高效率，它就是在这种时代背景下产生的。

中国市场是什么时候有方便面的呢？同样是经济迅速

发展的时期，就是改革开放初期的 80 年代初，那也是一个追求高效率的时代。印象里一开始的方便面很简单，就是一个小绿塑料包，方方正正的一块面，里头有一个混合了盐、味精和一点点干葱的小料包，但是并没有包装袋上印的牛肉或者大虾。当时是两毛五一袋，还收二两粮票。论价钱不便宜，在当时算是奢侈品，一般人平时是不舍得吃的。要么是买来给孩子当稀罕物，要么是坐火车时偶尔奢侈一把。

所以很多人的方便面记忆是与绿皮火车和火车上的开水炉联系在一起的。一包方便面，一根火腿肠，再来点儿榨菜丝，嘿！人在旅途也有了幸福感。当时听说哪个去日本的留学生为了省钱舍不得吃饭，天天吃方便面，就觉得太奇怪了，心想天天能吃上方便面那得多美呀！

后来，电视上方便面的广告不知不觉地多了起来，各种各样的人在屏幕上端着碗装方便面一边吸溜一边说怎么弹牙怎么 Q。那时候我就纳闷，什么叫 Q？后来才明白，就是筋道的意思。

方便面多了，也就成了一部分人的早点。很多人上班后的第一件事，就是泡上一碗方便面。再后来，大概是到了 2005 年左右，忽然有人说方便面没什么营养，对健康不利，很多人就不敢再多吃了。

可就在这个时候，从太空里传来了一个惊人的消息。"发现"号航天飞机上的宇航员打开了一包号称"零重力"的"太空方便面"大口大口地吃上了。这种方便面不像其他太空食品必须用一根管子嘬，而是特殊的球形面条儿，可以直接送进嘴里。这当然比吃那种牙膏似的太空食品顺口多了。古老的面条儿，竟然走上了太空，足见它的生命力之强大。

发明这款太空方便面的还是安藤百福的公司，想出这个点子的也还是安藤百福本人。

那么，回过头来说，他发明方便面这个伟大的灵感是从哪儿来的呢？有人说得益于日本的油炸食品天妇罗，还有一种比较普遍的说法，是来源于福建的伊府面。我觉得后一种说法更有道理。

清朝乾嘉年间，有一位福建籍的书法家叫伊秉绶，他当过广东惠州知府，后来又做过江苏扬州知府。那时候官员请客吃饭并不是去外面下馆子，而是把客人请到家里，让客人尝尝自己家厨的手艺。伊秉绶朋友多，不管在哪儿，家里常有文人墨客来交流吟诗写字的经验，用现在的话说叫文人雅集。

到吃饭的时候了，给朋友吃点儿什么又方便又顺口呢？他家的一位家厨琢磨出一道秘制私房面。做法是把鸡蛋和的面擀成面条儿，盘成圆饼，晾晒干了之后放在温油里炸透存着。吃的时候，再稍微一煮或是一焖，浇上虾仁、海参、玉兰片等做的浇头。来的客人都特别喜欢，慢慢就成了伊府请客吃饭的保留节目。

这种面叫什么呢？因为大伙儿都是在伊府吃的，所以传来传去就传成了"伊府面"，就像在丁宫保家吃的鸡丁就叫成了"宫保鸡丁"似的。后来，伊秉绶告老还乡，带着伊府面回到了福建老家，这种吃法也就在福建一带传开了。吴百福少年时家境不错，或许在家乡台湾就吃过伊府面也未可知。

伊府面曾经很普遍。据赵珩先生的《老饕漫笔》记载，老北京东安市场里的稻香春就有卖这种半成品的，一尺多长两寸多高一个大圆饼，外面包上层油纸。这些年可是没看见。

　　油炸方便面是否受到伊府面的启发没有定论。不过对于爱吃面的人们来说，把面条儿泡着吃的想法应该说是由来已久。在面条儿的圣地——中国西北地区，是不是也能找到方便面的影子呢？

　　当然有。陕西关中地区有一个礼泉县，唐太宗的昭陵就

北京王府井东安市场民俗文化街的"稻香春"店铺。（刘朔摄／FOTOE 供图）

在这个县。礼泉有一种古老的面条儿，叫作"烙面"，这种面可是有历史了。要叫当地人说，武王伐纣时就是吃的这种面。也有人说，这是唐朝修昭陵的时候民工吃的方便食品，这个听起来比较靠谱。所以，也有人认为烙面是方便面的鼻祖。只可惜出了当地十里八乡的就很少有人知道了。

　　烙面的做法是这样的：把几十斤面粉倒进一个大瓦盆里，慢慢地加水，一边加水一边反复抓洗，直到把面筋全洗出去，剩下面糊，然后把面糊醒上一天——这叫洗面。第二天，像摊煎饼似的在铁锅里或饼铛上把面糊摊成一张张透亮的大薄饼——您说是烙面也行，烙饼也行，反正面条儿原本就是叫汤饼。之后要一张一张挂起来晒干了，再叠成一个一个手掌宽的长条儿——感觉有点儿像山东沂蒙山区的大煎饼。晾好之后，一张一张摞起来，裹上屉布，压上木头锅盖，还要镇上块大石头，压上一天一宿。第三天，把这一叠一叠压得瓷瓷实实的烙面横着切成细条儿，整整齐齐码放在大筐箩里，苫上厚布，放置在阴凉的地方存着，烙面的面就算完成了。

　　烙面的吃法是浇汤，用骨头汤或鸡汤一浇，当然，陕西人离不了油泼辣子，再放上豆腐丁、肉臊子，号称"烙面红汤"。

吃的时候，先在碗里放上一小撮面，用滚开的热汤一浇，撒上韭菜、香菜等，闷头赶紧吃，千万不能细嚼慢咽。因为烙面干，膨胀得快，热汤一泡，汤里的香味儿马上就能渗到面里，趁着热乎劲儿才能吃出感觉来。可要是时间稍微长了，就泡糟了，吃起来就没意思了。

吃烙面讲究汤多面少。不够吃怎么办？多吃几碗呗。据说当地人吃烙面一吃就是一二十碗。这么多碗面也喝不下这么多汤呀？没关系，当地人吃烙面是只吃面不喝汤的，因为那渗进面条儿里的汤已经足够入味儿了。那汤呢？倒回锅里接着熬，有点儿像重庆火锅。而且吃的时候还有个规矩，长辈先吃，长辈吃饱了晚辈才能吃。

这种食俗用现代人的观点看未免有些不卫生，不过要说起来它可是很有历史渊源的。它还有个学名叫"馂汤"，正是《礼记》里所说的"祭有馂"和"馂余之礼"的生动体现。什么叫"馂"？"食余曰馂"，或者"祭毕食神之余曰馂"。"祭有馂"，按照《礼记》上的说法，就是要在祭祀天地神鬼之后，依照长幼尊卑，逐一吃上一等人的剩饭。目的是让地位卑贱的人和子孙后人知道"上有大泽，则惠必及下"，并不忘尊上者的恩惠。尽管这种礼仪随着时代的变迁在很多地方已然淡化，但在农村还是留下了一些痕迹，比如一碗酒要传着喝，一袋烟要传着抽。这种吃法在城镇的饭店里已经没有了，

烙面被称为"中国最早的方便面"，吃法和方便面类似，也是浇上滚烫的热汤。（李军朝摄/FOTOE供图）

但"馊汤"的风俗却像活化石一样保留在乡村中。烙面端上来，也是讲究长辈先吃，晚辈后用。农民的家，保留着中华文明最古老的印迹。

这么复杂的做法，自然不是天天吃的。什么时候吃呢？一般是很多人需要一起吃饭的时候。比如婚丧嫁娶、盖房上梁的时候，需要摆流水席，吃什么最快、最方便？在当地就是吃烙面。所以，吃烙面的时候往往是院子里几桌子人一起吃。就见端面的十几碗十几碗走马灯似的上，吃面的头也不抬疾风暴雨似的往嘴里划拉。没一会儿，各个桌上就摆满了吃过烙面的红澄澄的汤碗。一个个吃的是脚底热烘烘，心里暖洋洋。这才是吃烙面特有的气氛，外面的人是体会不到的。

其实不管是烙面、伊府面还是方便面，都贯彻了一个基本理念，就是快，泡上一会儿就能吃，而且还得是味儿。为达到这个目的，前面的工序可以说浓缩了面条儿几千年的发展史，几乎一样都不能少——把小麦磨成面粉，把面粉加上水和成团，把面团擀成饼，把饼切成条儿，把条儿煮熟了，冷却了再干燥。

不过，现代方便面的不同之处在于，它把纯手工制作发展成了机械化大生产，甚至连包装、餐具、运输等都实现了机械化。可以说，方便面把面条儿简单方便的特性发挥到了极致。它适应了工业化和快节奏，并且创造了一种崭新的饮食方式。所以，有人认为，方便面是 20 世纪最伟大的发明之一。

尽管现在一些人对方便面有这样或那样的说法，但事实上，2014 年全球方便面总消费量达到了 1014 亿份。什么概念？2014 全年全世界每人吃掉十四五包方便面。这里说的人包括世界各个角落的人，而其中中国的消费量占了将近一半，世界第一。

一包方便面，浓缩了农业文明、工业文明，将古老的面条儿带进了高效率的信息时代。现在，全世界很多城市都能看到这样的年轻人，他们一边打电脑，一边听着快节奏的音乐，一边吃着方便面，工作或者创业。他们相信，传统不是死的、一成不变的，传统是可以发展并适应时代的。在水里煮成的面条儿，可以像水一样生生不息。

　　其实面条儿本身就有魔幻一样的魅力。它缘起于古老的前丝绸之路，诞生于古代中国的北方。它的灵感来自普通人对生活的爱。它的历史平凡得几乎不易被发现，却又波澜壮阔，见证了人类文明的发展历程。它可以入乡随俗，它可以调和众口，它千变万化，但又万变不离其宗。

　　就在现在，无论是在飞机上还是在高铁上，无论是在CBD 的写字楼里还是在乡村的庄户人家，无论是在上海、台北还是在纽约、佛罗伦萨，都有人正在大口大口吃着面。

　　让我们一起吃面吧！永不枯竭的人类文明，就在千丝万缕的面条儿里。

参考文献

〔法〕大仲马著，杨荣鑫译：《大仲马美食词典》，译林出版社，2012 年。

〔韩〕李旭正著，〔韩〕韩亚仁、洪微微译：《面条之路——传承三千年的奇妙饮食》，华中科技大学出版社，2013 年。

〔瑞士〕克里斯多福·纳哈特著，李中文译：《面——全球面文化现场报道》，（台湾）博雅书屋，2011 年。

〔英〕雅各·甘乃迪著，廖婉如译：《意大利面几何学》，（台湾）马可孛罗出版社，2011 年。

焦桐：《暴食江湖》，生活·读书·新知三联书店，

2011 年。

焦桐：《台湾味道》，生活·读书·新知三联书店，2011 年。

金易、沈义羚：《宫女谈往录》，紫禁城出版社，1991 年。

陆文夫：《陆文夫小说选》，江苏文艺出版社，2009 年。

邱庞同：《食说新语——中国饮食烹饪探源》，山东画报出版社，2008 年。

山西省地方志办公室编：《山西通史》，山西人民出版社，2012 年。

王学泰：《中国饮食文化史》，中国青年出版社，2012 年。

许石林：《饮食的隐情》，中国青年出版社，2014 年。

袁枚：《随园食单》，江苏古籍出版社，2000 年。

赵珩：《老饕漫笔》，生活·读书·新知三联书店，2001 年。

周惠民：《饮膳随缘》，浙江大学出版社，2010 年。

后　记

　　准备在中国教育电视台《国史演义》栏目做讲座是去年春天的事，几经周折，最终确定以面条儿为题。电视台的期望很高，不光是要说说各地做面吃面的风俗，而且要根据起源、传承、演变、发展等线索分主题挖掘面条儿背后所蕴含的文化。这个选题看似容易实则很难，反复修改琢磨，终于有了这本《一面一世界》。

　　《国史演义》是讲历史的。中国的史书浩如烟海，而且中国是饮食大国，但对于老百姓每天离不开的家常饭，记载里却并不多见。比如，谁发明的面条儿？谁发明的石磨？谁发明的筷子？又是谁发明的案板和擀面杖？恐怕谁也说不清楚。甚至离现在并不久远的饸饹床子，也不知道是谁琢磨出来的。或许吃饭的事儿太过凡俗，不值得入史吧？可恰恰是四大发明之外的这些不起眼的东西，渗透在平凡人的日子里，影响着生活的每一天。而所谓历史，归根结底，不正是由平凡的生活组成的吗？于是，我想聊聊这碗简单的面条儿，这碗普通人的家常饭。它跨越地域，它穿透阶层，它让老百姓热爱生活，它编织着绵延不断的文明。

粮食讲究春种秋收，收到仓里存着，等到过年的时候拿出来多吃几顿好的，有道是"初一饺子初二面，欢欢喜喜过大年"。这就是中国农业文明的特点。也是赶巧了，这个关于粮食的节目还就真是当时当令地在秋天录制、在春节播出的，给电视机前的节日餐桌上增添了一碗长长久久的喜庆面，真好！

在此诚挚感谢为这档节目台前幕后策划操劳的中国教育电视台和北京精诚兄弟文化传媒有限公司的各位老师和工作人员，是大家的共同努力才让这碗面有滋有味。

这本书，仍然选择在我所仰慕的商务印书馆出版。拙作

《吃货辞典》的出版过程让我领略了商务严谨而亲和的工作作风，把书放在商务出心里觉得踏实。还记得曾在北京大学生阅读联盟的成立大会上向商务印书馆总经理于殿利先生请教关于小麦起源的问题，身为古巴比伦研究专家的于先生不仅深入浅出为我讲解了美索不达米亚文明，还讲到了楔形文字，讲到了车的发明，其博学令我钦佩，其垂爱令我感动。

　　这本书是在节目讲稿基础上整理润色而成的，内容要比电视播出的丰富。节目受时间限制，很多预备好的内容做了删改。整理成文字出成书，自然可以完善一些。

　　现在关于饮食的电视节目很多，大多拍摄得活色生香，让人一看就能胃口大开。不过，像我这样一个人站在台上就这么干讲的还真不多见。尽管我已经尽力准备，但能不能让观众满意，就不得而知了。好在面条儿有人缘儿，谁都能聊上几句。那就只当给大家提个话头儿，在吃面的时候增加些谈资吧。

崔岱远

2016 年元月